画说空战

名家经典·兵器交锋系列

1

徐焰 著

SPM
南方出版传媒
广东经济出版社
—广州—

序

——飞机出现实现了“天兵天将”交战

大地是人类的摇篮，人却不会永远生活在摇篮中。随着文明的发展和科技的进步，人操纵飞机终于实现了飞天梦。

在进入20世纪之前，人类的活动舞台只限于陆地或水上的平面，雄关险隘和江河湖海总是隔阻战争机器的运动。古人看到鸟儿在头顶上飞翔，就有在空中自由往来的梦想，打仗时也幻想着有“天兵天将”。中国古代就有过女娲能飞起来“补天”的神话，后来虚幻中的能人往往可以一跃飞天十万八千里，希腊神话中的许多人物也长着翅膀能在空中往来，但当时的物质条件却决定了这只是梦。

最早想尝试“肋下生翼”飞上天的是中国人

追溯历史，公元1世纪中国王莽篡夺了西汉，自己当政建立了一个短命的“新朝”。此时，曾有一个猎人自称能够飞到空中袭击匈奴，随后把用羽毛扎成的翅膀缚在手臂上从城墙上跃下进行表演，但只滑行了不远就摔了下来并折断了腿。后来欧洲也有人模仿鸟类的翅膀做过类似试验。

后来医学家研究证明，人类由于身体构造的局限，想像鸟儿那样靠自身体力飞行是不可能的。不过，这种飞天梦却成为推动战争向多维发展的内在驱动力。

后来的人懂得了空气动力学，知道了物体想飞上天去关键要有升力。鸟能飞起来，就是两只翅膀不断上下扇动（风大时也可不动），靠气流把它“托”起来。鸟类骨骼坚硬而且是空心的，驱动鸟类翅膀的胸部肌肉占全身肌肉的一半以上。人类没有翅膀，乘飞机上天时所靠的翅膀就是机翼，由发动机产生的巨大动力驱动机身高速前冲，机翼下的气体就能形成空气动力，把飞机“托”起来。

在农业文明时代，人们没有机器动力，制不出能利用空气动力的飞行物，想飞上天只是梦想。18世纪蒸汽机发明后，才有了铁甲舰和火车，人类能够在地面和海上机动往来或打仗，却仍然难以飞上天。

不过，随着近代科学的出现，人们最早尝试用气球升空。18世纪中期，法国的孟格菲兄弟受碎纸屑在火炉中不断升起的启发，用纸袋把热气聚集起来做实验，制成热气球，1783年9月19日还在巴黎凡尔赛宫前为国王、王后及13万巴黎市民进行了热气球升空表演，随后载人飞行了25分钟。当时推动美国独立的政治家富兰克林正好到此访问，对这一发明印象深刻，曾预想用5000只气球运载1万人的军队从天而降到敌后作战。

气球的动力是风，人难以操纵其行动方向，虽然在1870年的普法战争和1904年的日俄战争中交战者都以气球升空，但却主要是让少数人飞越包围圈，或进行居高临下的空中侦察，还不能进行空战。

对世界上谁最早发明飞机一直有争议

进入19世纪末期，一些有想象力和创造精神的人以机器动力推动飞行物的机翼升空，开始了飞机的研制。虽然人们耳熟能详的是美国的莱特兄弟在1903年制造出了第一架飞机并试飞成功，但俄国人却长期声称制造出世界上第一架飞机的是俄国的海军上校莫扎伊斯基。另外，巴西人和部分法国人也说最早的飞机是其本国人研制的，还都能列举出一些依据。

苏联发行的邮票。纪念俄国最早发明飞机的海军上校莫扎伊斯基。严格而论，他进行的是飞行尝试，后继工作并未成功。

1783年，推动美国独立的富兰克林到法国时对盛行的气球升空印象深刻，曾预想用5000只气球运载1万人的军队从天而降。但事实上气球难以操控，无法运兵作战。

1881年，俄国海军上校莫扎伊斯基在世界上最早试飞成功的飞机彩图。

客观地讲，一项划时代的科技发明，往往汇集了不少人的研究成果。俄国人说莫扎伊斯基研制出飞机确有其事，其研制的飞机在1882年首次靠蒸汽机驱动起飞，的确飞离地面在空中翱翔了几百米，但落地后人们却看到这种发动机笨重而没有发展前途。可以试想，如果飞机是靠烧煤的锅炉作为发动机，一边飞一边加煤，那需要带多少煤？能在空中坚持多久呢？

科学技术是生产力也是战斗力，19世纪末内燃机问世，使用重量轻、燃烧值高的汽油为动力，终于使飞行物的动力问题得以解决。不过，那时世人首先研制的飞行器还是飞艇。1898年，德国的齐柏林首次设计和制造出了硬式飞艇，他使用结构完整的骨架保持气囊的外形，内充氢气，采用内燃机的活塞式发动机作动力。1910年，德国还用“齐柏林”飞艇建立了世界上第一条定期的民用航线。

飞艇有动力可以操纵，缺点却非常明显。它要靠巨大的气囊升空，阻力大且飞不快，还会成为敌人对空武器的明显射击目标。飞机介入战场后，飞艇就日益不受人重视，这也算是“物竞天择，适者生存”吧！

1903年，美国的莱特兄弟研制的飞机由当时最先进的内燃机驱动，成为日后飞机的始祖，它的优越性很快显示出来。1909年意大利建立了世界上最早的航空队，1914年第一次世界大战爆发后飞机就大量参战。

描绘德国“齐柏林”飞艇的油画。

飞机的出现，从根本上改变了人类军事斗争的样式，交战范围由平面变为立体。在1914年爆发第一次世界大战之后，各交战国共生产了10万架飞机，空战开始成为人类战争的重要组成部分。在1939—1945年的第二次世界大战中，各交战国共生产了70多万架作战飞机，“制空权就是制海权”“制空权决定地面部队的行动自由权”成为共识。第二次世界大战结束后的70多年来，世界上爆发了许多场局部战争，空战的作用显得更为重要，有的战争（如1999年的科索沃战争）只有空中作战而没有了陆战，空中打击成为国际上军事斗争的主角。

科技进步决定未来作战“空军第一”

科学技术决定战斗力，这在空战中显得特别突出。在20世纪的陆战中，有些装备差、没有空中掩护的部队还能战胜装备先进的强敌，如中国革命军队就是如此，除人心向背外，还因为陆地有复杂地形地物可迟滞困扰对手，群众支援掩护、游击队的活动也是空中力量难以有效对付的。不过在空战中，技术占优势的一方却对落后一方具有致命性，甚至会导致双

方难以交锋，那是因为“空中无群众”，天上没有战壕、地道那种隐蔽物，面对强手攻击真是难藏、难躲和难还手。

描绘美国U-2高空侦察机遭受地对空导弹攻击的画面，这种高空侦察机靠特殊的机体设计能达到2.3万米的升空极限。

自20世纪下半叶起，世界各军事强国都以建设强大的空中力量为重点。作战飞机上的武器越来越强，由机枪、机关炮交锋发展到主要用空对空导弹相互攻击。过去空战中靠眼睛观察再“咬尾”射击，进入20世纪80年代以后发展为“超视距战斗”，就是以雷达在很远处锁定目标就发射导弹。

任何武器都有自身的局限，第二次世界大战以后作战飞机越飞越高，不过，因机翼要靠空气相“托”，它的升高是有限度的。如当登山运动员爬上海拔8800多米的世界最高峰珠穆朗玛峰时，那里的空气含量不足低空的一半，人呼吸困难，普通运输机想达到这一高度也很难。若是到了空气稀薄的2万米以上高度，飞机的“翅膀”也就是机翼就得不到足够的气流把它“托”起来。迄今为止，美国在20世纪50年代研制出的U-2高空侦察机能靠特殊的结构升到2.3万米，这基本上就是飞机升高的极限，因此直至现在U-2高空侦察机仍在美国空军服役。

当年苏联、中国的战斗机只能飞到1.7万米，无法击落这种高空侦察机，不过，发射防空导弹仍然能将它打下来。1960—1967年，世界上一共有7架U-2高空侦察机被击落，其中有2架是被苏联人操作萨姆-2导弹击落，有4架是被中国空军用进口的萨姆-2导弹击落，有1架是由中国自己生产的红旗-2导弹击落。从此美国再不敢使用U-2到中苏两国上空做侦察飞行。

人类如想升到没有空气的外层空间，用的就不是飞机，而是火箭发射的航天飞船，那就超出一般天空的范畴，进入了太空。现在，卫星等天基武器也发展起来，空天结合又会成为未来空间作战的崭新形式。

空战很大程度是拼技术，也是在“打钱”。航空部队（包括空军和海军航空兵）是科技密集型军种，也是国家经济和科技实力的结晶，发展它只有依靠工业强国、科技强国。近代贫弱的中国是一个没有工业基础的落后农业国，只能靠从国外买飞机，买到的数量既少又不先进。美国一百多年来都保持着世界头号空中强国的地位，就在于它的国内生产总值（GDP）和科技水平都居全球之首。

新中国成立后，在一辆汽车、一架飞机都不能制造的“一穷二白”的基础上进行了伟大的建设，很短时间就实现了国家工业化，也形成了航空工业的完整基础。2010年以后，中国终于成为GDP仅次于美国的世界第二大经济体，同时也成为世界公认的航空大国、航天强国。人们呼唤强大的中国空中力量，中国航空兵的发展也必将不负国人的厚望。

笔者四十多年前入伍即到陆军，但却对空军一直抱有挥之不去的情结。记得童年时，我生活在北京公主坟空军司令部大院中，听到上一辈谈论最多的就是空战。近三十年来出于职业原因，我从事军事史的研究，看到的空中交战记录往往能给自己的心灵以最大的震撼，并引发对今后军事斗争的诸多思考。为了推动中国国防建设和空中力量今后的大发展，年轻一代的朋友们也很有必要了解以往的历史经验。

笔者编写这部书，目的是全面介绍人类空战的过程和经验，希望关心国防建设尤其是空军建设的人们能愿意读它，让我们今后为强国强军、实现“中国梦”而共同努力。

军旅画家孙浩的油画《大鸟归来》，表现了我国空军的大发展。

Fok. E III

目录

空战 画说

第 壹 章

空战出现 改变了人类战争面貌

战争既是政治的继续，也是以经济和技术作为基础。随着人类科技的进步，战争逐步升级并扩大了范围。飞机的发明和迅速发展，使人类从最初的陆地作战、海洋作战发展到空中作战，第一次世界大战又让飞行器全面登上战争舞台。

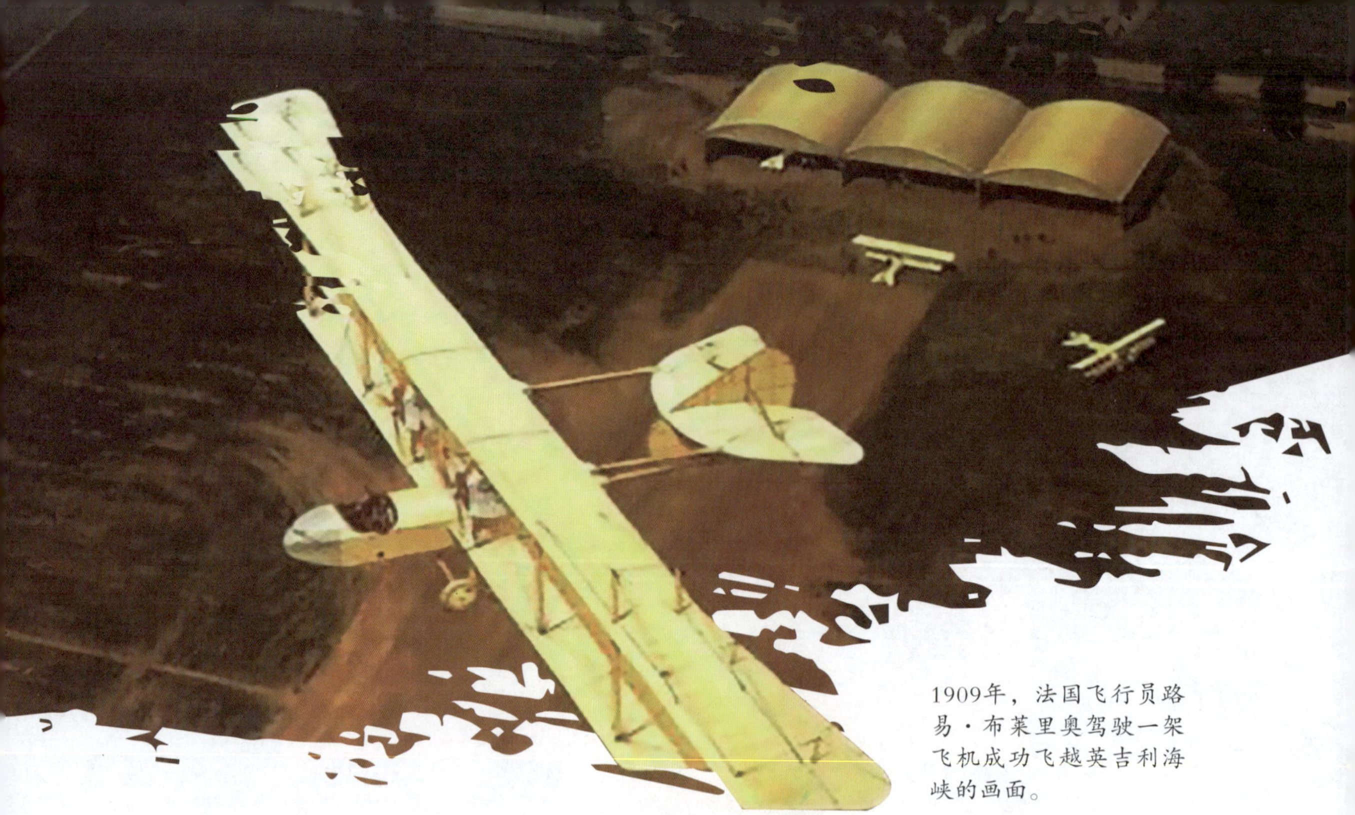

1909年，法国飞行员路易·布莱里奥驾驶一架飞机成功飞越英吉利海峡的画面。

飞机诞生后首先被用于军事目的

1903年12月17日，莱特兄弟用安装了内燃机的飞机进行了首次有动力、可操纵飞行。飞机第一次只飞了36米，第二次飞了3000米，这是人类一次划时代的进步。

当时美国新闻界对莱特兄弟的飞行进行了广泛报道，短视的政府官员却拘泥于刚问世的马汉的《海权论》，对飞机出现的意义还缺乏认识。在马汉、莱特兄弟的故乡——美国，军界对要求购买飞机的呼声充耳不闻，只忙于制造战列舰。倒是一些美国商人看准了

美国莱特兄弟在1903年首次进行飞行试验的场面。

机会，使用飞行发明者的名字做广告，建立了“莱特飞机公司”并开始生产民用型飞机。1910年，美国正式开通了商业航线。

莱特兄弟的成就，对当时战争气氛浓厚的欧洲产生了重大影响。1909年，法国飞行员路易·布莱里奥驾驶一架飞机成功飞越英吉利海峡，降落到了大不列颠国土上。这个事件使英国人大为吃惊，他们意识到单纯凭借海上防御力量已不可能保证国家安全，也开始研究怎样运用飞机。不过，背着“海军制胜论”沉重包袱的英国，认为飞机只能充当军队侦察所用的“空中千里眼”。

作为二流军事强国却又急于改变现状的法国、意大利，运用飞机一度走在前面。意大利于1909年率先建立了航空队。1911年，意大利为抢夺土耳其在非洲的殖民地利比亚，派出9架飞机前往。

在荒漠的北非战场上，人类战争史上出现了第一次空中战斗侦察，出现了第一次空中轰炸——意军一架飞机向土军阵地投下4枚各重2公斤的小炸弹。当时土耳其军人看到头顶上飞来带着轰鸣声的物件时惊骇不已，不过，出于自卫本能，土耳其人举枪向它射击。当时飞机飞得很低，时速不到80公里，结果土耳其人的步枪弹竟然有3发命中意军机翼。虽说未击中要害而影响飞行，但这却是第一次出现了飞机被地面火器击中的情况。

看到意大利军队使用飞机，英、德、法、俄等国也纷纷建立航空队。那时的飞机操作简单、安全性能很差，事故非常多，以致人称“飞行员是最危险的职业”。有人从打伞的原理出发，发明了供飞行员逃生的降落伞。荒唐的是，沙俄航空兵头目竟然拒绝采用，理由是飞行员若有这东西，当情况不妙时就会抛弃价值不菲的飞机。

那时，各国的飞机发动机功率多在100马力之内（相当于现在一辆普通卡车的马力），时速在80～100公里，飞行高度通常只能达到2000米。那时的机舱也不封闭，飞行员在空中面对扑脸的大风，只能靠风镜和飞行帽遮挡。

1914年7月末，德国为重新瓜分世界引发了第一次世界大战，德国联合奥匈帝国和土耳其结成同盟国，向英国、法国和俄国组成的协约国开战。德国因飞艇技术水平在世界上属最高水平，起初以此为航空业发展重点，没有太重视飞机。

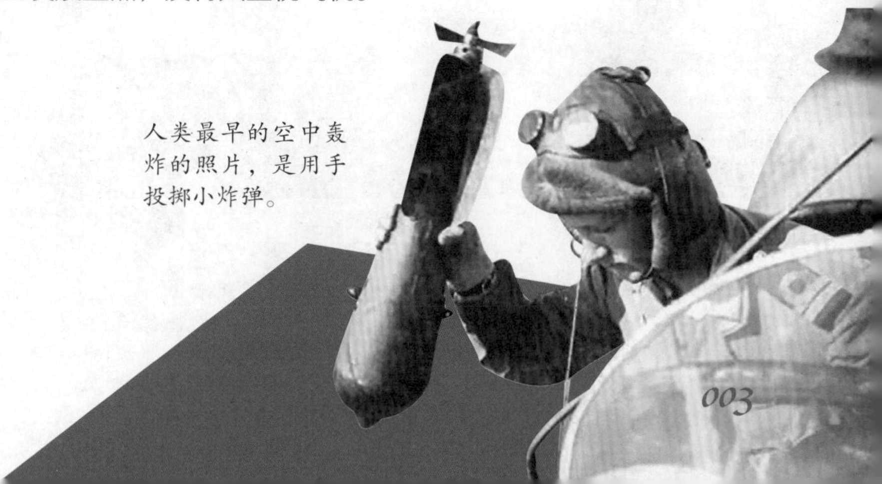

人类最早的空中轰炸的照片，是用手投掷小炸弹。

在1911年意土战争中，意大利军队首次使用飞机对土耳其军队作战的画面。

1914年8月，西线战争开始时，法国飞机在北部战线上飞行侦察德军前进状态的画面。

战争一开始，德国“齐柏林”飞艇就对伦敦实施轰炸，几百年来一直仰仗有英吉利海峡保护的英国人头一次受到外国打击，出现了“齐柏林恐慌”。不过人们很快发现飞艇容易对付，因其目标过大，航速又不超过每小时80公里，小巧灵活的飞机和地面机枪都容易打中它，而装满氢气的气囊一旦中弹就会被点燃，成为耀眼的火炬。随后，德国将飞艇转入夜袭，但却因其结构脆弱而大多毁于风暴，不久便退出了前线。

1914年8月初，德国军队绕道比利时攻入法国北部并直逼巴黎。此时双方飞机的主要任务是侦察地面军队的行动。9月3日，法国一架侦察机发现突破边境后势如破竹进到首都北面的德军已经不再绕着巴黎的西郊向前疾进，而是向东直插，他们的右翼空虚，易受攻击。

得到这一空中情报，法军统帅部马上把巴黎城内上千辆出租汽车集中起来，运送部队发起反击，在有名的马恩河战役中遏制了德军前进。此仗被认为挽救了法国，有人把“马恩河出租车”称为此战的功臣，其实空中侦察发挥的作用更大。

法军和德军飞机侦察对方时，一开始在空中相遇，双方都没有装备武器，相撞又会同归于尽，只好各飞各的，有些飞行员甚至还挥手致意，这哪里像打仗的样子呢？

法国在第一次世界大战初期使用出租车向马恩河调兵的染色老照片。

英国战斗机射击摧毁德国“齐柏林”飞艇的画面。

1915年8月，德国生产出了一种改进型单翼机——福克式飞机。它既能很快瞄准目标，又能进行俯冲攻击。“福克的鞭笞”无情地抽在协约国身上。

飞行员面对敌人时常会表现出仇恨，人类史上首次空战不久便发生了。据称，1914年9月，法国飞行员安德烈驾驶一架双翼飞机飞往比利时列日一带执行侦察任务，与此同时，德国飞行员汉斯也在那里执行同样的任务。两机在空中相遇，德国飞行员汉斯如同规矩绅士般地向对方挥手致意，自认为遭受侵略的法国飞行员安德烈可不吃这一套，反而嘲笑地向汉斯伸出小指头以示轻蔑。

对傲慢的德国人来说，法国人此举岂能容忍！汉斯气愤之下拔出身上的手枪射击，安德烈也以手枪还击，两人在空中开始了人类历史上的首次空战。

对高速运动的飞行物而言，直接瞄准射击不可能打中目标，何况手枪射程只有几十米，两人弹弹虚发。子弹打光后，他们挥手告别，人类历史上的第一场空战便草草收场。

此时，俄国的飞行员聂斯塔洛夫在空中与敌机相遇时又有新创意，他竟然在机身后部装了一把刀子，准备用它把对方机身的蒙皮割开，真可以称之为“开膛破肚”的战术。1914年9月，在一次空中相遇时，刀子虽未用上，但他却操作机轮将一架奥匈帝国的侦察机撞落。俄国另一位飞行员卡扎科夫在飞机

第一次世界大战开始后的首次空战，法国和德国飞行员用手枪相互射击。

下部安装了一根钢索和一个抓钩，在1915年3月的一次出航时居然用抓钩钩住了一架德国“信天翁”飞机，并用机轮将这架敌机撞落到地上摔个粉碎。

这种怪异的空中搏斗方式毕竟太原始，而且不可靠，随着机枪装上飞机，空中追逐与歼击的时代也随之开始。

“福克旋风”推动了空战发展

飞机想实施射击，在当时最好的武器就是机枪。1914年10月，法军飞行员约瑟夫·弗朗茨驾机在己方阵地上空巡逻，观察员在位于靴形短舱的前部装上了一挺7.7毫米口径的轻机枪。此时一架德国双座侦察机闯入了约瑟夫·弗朗茨的视野，机枪马上吐出了“火舌”将其击中坠毁。这是人类战争史上第一次使用机枪空战而且取得了战果。

看到空战有了战果，从1915年起，法国、德国和英国便开始生产专门的战斗机——在机上安装机枪和简易的瞄准具。机枪安装在机头便于瞄准，然而机头也是安装螺旋桨的位置，发射子弹时很容易打中自己的螺旋桨叶片。最早的机枪安装在双翼机的上翼表面，进行瞄准、射击时，射手必须站起来操作，在时速100多公里的大风中要完成这一切真是难事。

德国人发展战斗机一度技术领先，很大程度归功于荷兰的发明家安东尼·福克。他从小对学习不用功，却对

在德国研制飞机的荷兰人安东尼·福克。

“红男爵”——曼弗雷德·冯·里希特霍芬，人类空战史上最负盛名的空中英雄之一，他在第一次世界大战中共击落80架飞机。

模型火车和蒸汽机很感兴趣，高中时就设计了防漏轮胎，1908年夏天他到法国参加航空展览会时看到莱特兄弟的飞机后便着了迷。两年后福克被父亲送到德国接受机械师培训，但他的兴趣却是飞机，并成功地制造出一架当时最快和最坚固的单翼机，还亲自驾驶它飞回荷兰向过生日的女王致敬。他未曾想此行遭到的却是冷遇，气愤之下又回到德国，由军界投资在柏林附近建立了以自己的名字命名的公司，此公司后来成为世界知名的福克飞机制造厂，他本人也成了欧洲公认的最好的飞机设计师。

第一次世界大战爆发后荷兰宣布中立，德国军方对福克不放心，让他加入德籍却遭到其拒绝。接着，德军要求他驾驶飞机打掉敌机以示忠心，福克也以中立国公民身份表示不同意。德国人一面不准他出境并加强控制，一面又按生产飞机的数量给予提成作为利诱。福克随后研制出D-7和D-8两款火力强大的战斗机，这两款战斗机被英军惊恐地称为“飞行剃刀”。英国人曾秘密致信福克，许诺可付千万英镑（价值相当于现在的几亿美元）请他帮助设计一款战斗机，德国情报机构却秘密截下此信。

福克从来没有摆弄过机枪，却同机械师们一起研制，发明了“射击同步协调器”，解决了一项空战史上的重大问题——射击与螺旋桨转动的协调问题。其办法是采用凸轮系统，容许机枪只能在与螺旋桨不成一条直线时射击，子弹只能通过机械连动原枪口指向桨叶间隙时射出，当枪口对准桨叶时则射击停止，这样就不会打中螺旋桨叶片。飞机也可省去专门的射击手，驾驶员在座位上就能操控机枪射击了，就此战斗机上一般只配备一人。

“福克”式战斗机安装了两挺7.92毫米口径的机枪，时速达到140公里，一投入空战就压倒了英法所有的战斗机，出现了恐怖的“福克式灾难”。不过，英法毕竟有雄厚的科技和工业基础，通过研究击落的德国战斗机装置，所产飞机也采用了“射击同步协调器”，航速于是得到提升，在空战中又能对等较量一番了。

交战国频繁实施空战，使其发展为一门专门的格斗艺术。由于气动设计的限制，战斗机要想在垂直面上运动相对困难，于是战斗机主要采取水平面上的盘旋“咬尾”战术。这种绕到对手背后再开火的战术，在后来的空战中延续采用了几十年。

当时交战国的“王牌”飞行员，一般是以击落敌机5架为标准。第一次世界大战中最负盛名的空战明星，是德国飞行员曼弗雷德·冯·里希特霍芬，这位空中格斗明星共击落协约国80架飞机。

曼弗雷德·冯·里希特霍芬出身军官世家，在穷兵黩武的德意志帝国教育制度下，11岁即进入少年军校。在校内他文化成绩为中等，但体操和马术却有过人的天赋，后来人们认为体能协调能力高和反应快是造就优秀飞行员的重要条件。

安东尼·福克发明了“射击同步协调器”，并将其装上战斗机，著名的“福克式灾难”降临到协约国空军身上。

第一次世界大战法国北部战场的天空中，德国王牌飞行员“红男爵”驾驶招牌红色福克三翼机正和英国皇家空军飞行队的一架骆驼式战斗机及一架SE5A战斗机缠斗。

第一次世界大战时的德国王牌飞行员赫尔曼·戈林，击落过22架敌机。第二次世界大战时他成为第二号纳粹战犯。

军校毕业后，曼弗雷德·冯·里希特霍芬进入骑兵部队。开战后他见骑兵作用不大，便自愿要求学习驾驶飞机。仅接受24个小时初步训练后他就第一次放了单飞！尽管当时的飞机操作简单，但这么短的飞行时间显然不够，降落时他把飞机摔毁了。经过几个月的训练，这个新手在1915年就成为侦察机飞行员，翌年成为战斗机飞行员。1917年4月，他创造了一天击落敌机4架、一个月击落敌机29架的纪录，一时名扬参战各国。

曼弗雷德·冯·里希特霍芬通过空战实践，总结了一套格斗原则，概括为“最好把敌人放到家里打”。他在空战时往往让对手先冲过来，在周旋中让对手暴露出弱点再寻机攻击。这个头号王牌将自己战机的一部分涂成了血红色，便于地面友军识别以防误击，于是他在英国宣传机器中就有了一个响当当的绰号——“红男爵”。

1918年4月21日，已经升任以他的名字命名的飞行联队的联队长的曼弗雷德·冯·里希特霍芬上尉在索姆河上空被子弹击中身亡，年仅25岁。当时交战双方还有些古代骑士风度，英国人为坠到己方阵地上的“红男爵”举行了隆重的葬礼，由显示军衔对应的6名英军上尉抬着敌手的棺木在鸣枪致敬下将其送入墓穴。

德国头号王牌飞行员曼弗雷德·冯·里希特霍芬阵亡后，由赫尔曼·戈林上尉继任。此人12岁就进入士官学校就读，战争开始时是步兵少尉，后自愿学飞行，由侦察机飞行员变成战斗机飞行员，战绩是击落22架敌机，因名噪一时被提升为曼弗雷德·冯·里希特霍芬飞行联队的联队长，并在第二次世界大战中恶名传遍世界。

轰炸机出现并在战后变成客机

起初的飞机都是只有一个发动机的轻型飞机，一般只能用于侦察和空中格斗。1916年，俄国航空家西科斯基（即世界上最早发明直升机的人）推出有4个发动机的专门用于投弹的轰炸机，却因本国无法生产航空发动机，全靠进口而不能大力投产。英、法、德各工业强国却很快研制出专用于空中投弹的飞机，即轰炸机。

有了轰炸机、战斗机和侦察机，进入1917年后的地面部队大规模作战就能得到空中支持，出现了空地协同作战。如在1917年11月20日进行的康布雷战役中，英军派出了1000余架飞机参战，用轰炸扫射支援地面部队。

自从专职的轰炸机问世后，1917年以后就出现了对敌方城市的轰炸。当时的空投炸弹准确性很差，只能打击“面”而无法精确轰炸“点”。例如，对铁路车站这样的大目标的命中率也只有2%，不过，轰炸却使地处战略后方的人们失去了过去的安全感，如德国对伦敦的空袭只炸死了500多人，但城内却有1/3的居民即200万人逃走，三百年来以繁华冠于世界的“雾都”就此变得萧条冷落。

到了1918年，德军经过四年战争消耗出现人力、物力枯竭。同年11月，德国内部爆发革命，皇帝威廉二世逃到荷兰，前线军队不得不宣布投降。此时众多官兵心里并不服，认为是被革命“在背后捅了一刀”。最后一任曼弗雷德·冯·里希特霍芬飞行联队的联队

第一次世界大战中大量飞机的参战形成了对陆战场上的重大影响，这是战斗机在康布雷战场上的场面。

长赫尔曼·戈林接到投降命令后，奉命率队飞往法国机场投降。他在降落时故意用错误着陆姿势毁坏了飞机，他手下的飞行员也效仿此举，让战胜者得到的只是废品。此事一时传遍德国，还被众多国民称为英雄壮举。在希特勒组织纳粹党时，赫尔曼·戈林便积极加入，并以过去的名望成为纳粹党二号人物。

在第一次世界大战中，航空兵还处于相当幼稚的时期，但却展现出非常广阔的发展前景和非凡作用。大战开始时各国只有1500架飞机，战争中却生产了10万架飞机。单机载弹量也由战争初期的几十公斤增加到3吨，炸弹重量也由2公斤的榴弹发展到将近1吨，为投弹还装备了简易瞄准具。战争后期英国的骆驼式战斗机，时速也达到了180公里。

第一次世界大战后期，英国轰炸机对德国西部铁路运输线进行了轰炸。

“矛”的发展，必然伴生出“盾”的增强，有了空中打击就有了防空。为射击空中目标，各国先是改造原有的野炮、海防炮，后来专门设计生产了高射炮、高射机枪。高射炮问世之初设计很不完善，据统计，在1916年击落一架飞机平均消耗炮弹9500发，经过与飞机不断斗法改进性能，两年后减为平均耗弹3000发。高炮部队数量增加也很快，并初步形成集中配置、集火射击等原则。

通过对第一次世界大战空战实践的总结，许多人对空战有了理论认识，特别是有一个人系统地提出了制空权理论，这就是意大利的朱里奥·杜黑。

朱里奥·杜黑的照片。

意大利在近代欧洲战争中表现无能，被有些人戏称为“猪队友”，意思是同谁结盟就拖累谁。第一次世界大战时它背弃过去的盟友德国投奔了英、法，结果本国陆军一战即溃，还要法国派10个师的陆军替它保卫国土。在后来的第二次世界大战中，意大利同德国结盟，不仅帮不上多少忙，还拖累希特勒要派兵援救它。

第一次世界大战后英国最早建造的航空母舰“竞技神”号（该舰1942年被日本炸沉）。

但意大利却有着悠久的古代文明和文艺复兴的辉煌，近现代也涌现了一些世界有名的科技发明，如最早发明了无线电通信，另外也最早建立了航空队。早在1909年，意大利军队上尉朱里奥·杜黑便预想到：“现在人们都强调制海权，但不久就会看到，制空权比制海权更重要。”战后升为少将的杜黑又提出了“空军制胜论”，主要观点就是“制空权是赢得一切战争胜利的前提”。他认为，夺取制空权的办法就是建立一支强大的空军，而且主要用于进攻，空中打击主要应指向防护力最弱的民众，以此导致敌国意志崩溃。杜黑的一些见解显然是帝国主义强权思想的体现，西方有人称他是“战略空军之父”。客观地看，他的一些见解虽有偏激之处，却对世界军界产生了重大影响。

第一次世界大战的硝烟刚散，德国就积极筹划再战复仇，意大利、日本也想以武力重新瓜分世界。有些国家还将飞机与军舰结合，产生了专门的航空母舰。继“一战”时将民船改造成航空母舰“百眼巨人”号之后，1921年英国开始设计专用的航母“竞技神”号，日本却抢在前面于1923年让其第一艘航母“凤翔”号先下水，美国则在1922年将一艘运煤船改造成航母“兰利”号。

大战结束后，战败的德国被禁止建立空军和发展航空业，赚了大钱的福克把几百架飞机转移到故国荷兰，又办起航空公司。战胜国对剩余的轰炸机采取了“军转民”处理，经改造变成最早的客货运输机，1919年2月在英国和比利时之间建立起最早的跨海飞行航班。

美国在第一次世界大战末期才参战，刚刚大力发展军机就遇到停战，不过，出于商贸立国的特点，它又迅速把航空业转为发展民用飞机。当时美国工业产值接近全球的40%，雄厚的工业基础、最高的工资水平和优越的生活条件吸引了全球众多人才，如曾为德国服务的荷兰人福克也移民到此建立飞机公司。

1928年，世界航空业的最大实体——波音空运公司在美国建立，两年后通过改进B-9轰炸机，研制出波音-247这种世界上公认的最早的专用民航机，并首次配备了机上服务员——空中小姐。

到了1937年，美国年产民用飞机达6000架，并鼓励私人购机和广开航空学校，第二次世界大战前就有50万人持有飞行执照。后来的战史证明，各国战前为航空业做出的努力，在战时都能收获到“以民转军”的空战成果。

第一次世界大战后，战时得到大发展的美国航空业主要转为发展民用飞机，民用飞机的发展又为后来的航空转军用奠定了基础。

空战画说

抗战

第贰章

弱小的中国空军艰难抗战

飞机在世界上出现后，中国有识者马上看到它在军事上的重大作用。1911年辛亥革命前夕，流亡海外的孙中山就在美国檀香山筹建中华飞机公司，并提出“飞机将是未来战争的决胜武器”。不过，贫弱的旧中国因根本没有工业基础而只能购买少量的外国飞机，近代中国的头号外敌日本却建立了本国的航空工业。中国进行的抗日战争，在空中也形成一个战场，成为一个贫弱的农业国抵御一个发达工业国侵略的奋力抗争。

1911年法国杂志的封面画，描绘中国人首次看到飞机。这一年清朝在北京南苑筹办建立航空队，不过才刚刚开始试验训练。

靠外购建立的中国航空兵发展远落后于日本

清末饱尝装备落后之苦的中国人，对国际上出现的新武器往往很感兴趣。1911年初，清朝政府通过向国外购买飞机，在北京南苑开始筹建最早的航空队，不过只有几架用于训练的飞机。清帝退位后，这支航空队归民国军阀所有。

中国最早的空中打击，发生在1917年军阀张勋拥戴11岁的小皇帝溥仪复辟时，段祺瑞指挥飞机对北京故宫进行第一次空袭。据溥仪回忆，听到头顶上的飞机轰鸣时，太监把他拥到养心殿并放下窗帘，这就是唯一的防空措施。此次“讨逆军”的飞机只投下两枚小炸弹，一枚落入御花园水池，一枚未炸，但却将宫里的太妃、太监们吓得魂飞魄散，清朝遗老们再也不敢上朝。这次复辟仅11天就以清帝退位告终，空袭起到了一定的威吓作用。

日本作为一个军国主义国家，崛起后一直紧盯着世界最新的军事技术，于1912年成立了“海军航空术研究委员会”，并购买法国、美国的飞机，还开始自研。1914年，日本对德国宣战并进攻青岛，首次使用外购的水上飞机参战。第一次世界大战结束后，日本的三菱、

日本表现1918年首次使用飞机轰炸德国设在青岛的要塞的电影广告画。

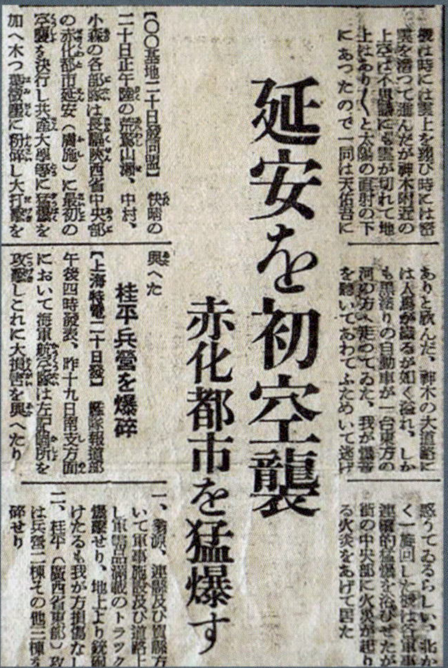
延安を初空襲
赤化都市を猛爆す

【〇〇基地二十日發同盟】快晴の二十日正午陸の荒鷲山瀬、中村、小森の各部隊は長驅陝西省中央部の赤化都市延安（膚施）に最初の空襲を決行し共産大學等に猛爆を加へ木つ端微塵に粉碎し大打撃を興へた

桂平兵營を爆碎

【上海特電二十日發】海軍報道部午後四時發表、昨十九日南支方面において海軍航空隊は左記箇所を攻撃しこれに大損害を興へたり

日本报纸在1938年11月对首次空袭延安的报道。

1912年旅美华侨冯如受孙中山革命思想的影响，带着两架飞机回国，同年不幸在飞机表演中遇难。

川崎、中岛三大公司建立起日本航空制造业，于1928年仿照英国技术制成中岛“三式”舰载战斗机，随后陆军和海军分别建立起自己的航空队（日本一直没有独立的空军）。

旧中国不仅没有制造飞机的工业基础，经济也异常窘迫。抗战开始前国内税收最多的是控制江浙的蒋介石（上海一市税收即占全国税收1/4以上）、东北的张学良和广东的陈济棠这三派，他们建立的三支航空队飞机较多。当时各派军阀的航空队都属“内战内行，外战外行”，人们讽刺其仅具有“迎接要人，输送鸦片，轰炸平民”三大功效。

1931年9月18日夜，日本关东军袭击沈阳东塔机场，接到“不抵抗”命令的东北军将260架飞机全部丢弃。1932年1月28日，日军进攻上海。南京政府和广东北上助战的航空队派出作战飞机32架到前线，却奉命不得主动出战。日本海军航空队的百余架飞机出动，将上海火车站、华界中心闸北区的大片民房以及著名的商务印书馆炸成一片焦土。

此战后国人痛定思痛，民众掀起“航空救国”运动，南京政府也从全国公务员工资中按月克扣“救国飞机捐”。不过，在落后的经济基础上想以建设空军抗衡日本的想法是不现实的，南京政府官员贪腐的现象很严重，许多飞机捐款被人中饱私囊，建设起来的空军主要用于协助“围剿”红军和军阀自身混战。如四川最大的军阀刘湘建立的航空队有20架飞机，开始用于同本家刘文辉的内战，接着用来轰炸红军。因未买到专门的航空炸弹，飞机开始投迫击炮弹，后来飞行员说一手操作飞机一手投炮弹有危险，于是就在机翼上挂上装满鹅卵石的麻袋，袋口有活扣，接近目标一拉扣就抛下石头。一些老红军回忆，他们发现川军飞机扔下的东西不爆炸，仔细一看是石头，都笑着对头上喊：“你们把家里的坛坛罐罐都扔下来炸老子好了！”

1936年国民政府刚勉强统一了各派空军，翌年夏天日军就大举进攻中国。1937年8月初，蒋介石在南京召开最高国防会议，当众把航空委员会主任周至柔叫来询问可参战的飞机有多少，回答是不到200架。据说当时蒋介石勃然大怒，旁边的杂牌军将领冯玉祥、白崇禧只是冷笑一声，因为此前多数人认为国家多方筹钱，空军至少应有千八百架飞机。

蒋介石厉声质问周至柔：“你把空军经费搞到哪里去了？”周至柔当众解释说，此事是担任航空委员长的宋美龄的决定。此前宋美龄靠蒋夫人的身份把各派航空队聚拢到一起，号称“不挂衔的空军司令”。她不懂军事，有人进言称中国的飞机只能靠外购，而世界飞机制造业发展迅速，一种新飞机面世最

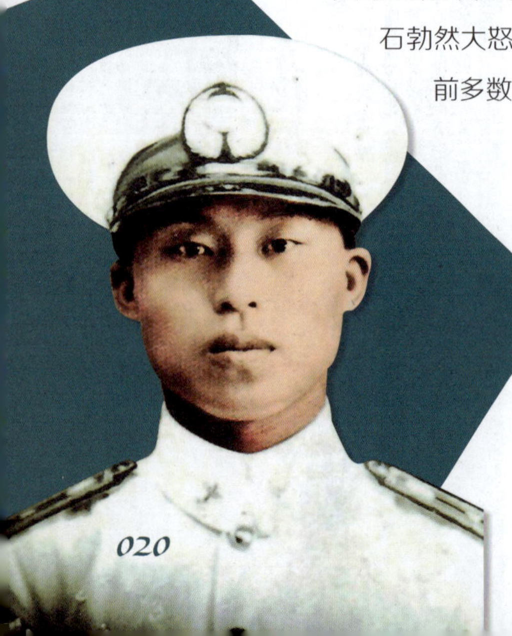

空军英雄高志航的照片。

民国时期的画家梁又铭所绘的《笕桥"八一四"空战》。

多两三年便会被更新样式取代，最好把空军经费储蓄起来，现有的飞机能维持经常训练就行，到开战时再买新飞机。宋美龄同意此说，因此空军经费多存在外国银行。

蒋介石面对此情，只好说："没有空军，也要抗战的。"此时中国空军总共只有9个大队26个中队，飞机314架（其中不足200架能空战），飞行员700名。日本陆海军航空兵则有作战飞机2100架，已培训好的飞行员近1万名，何况日本的飞机90%都是国内生产。此时中国同日本的差距，是一个落后的农业国同一个工业国的"代差"，在航空业方面体现得更加明显。

待开战时向美英买新式飞机的设想，事实上也完全落空。1937年8月上海淞沪会战后，美英宣布中立，禁止对交战双方出售军用装备，中国存下的钱因此也买不到武器。

中方长空初战告捷却缺少补充能力

继1937年7月日军挑起卢沟桥事变后，8月13日中日双方在上海又打响了淞沪会战。当天国民政府军委会急调空军参战，8月14日空军第4大队在杭州笕桥机场上空同来袭的日本鹿屋航空队展开第一次空战，其大队长就是当时国内最有名的空军英雄高志航。

高志航是东北人，考入军校后被张学良送到法国学习航空两年，因成绩优异在归国后被任命为东北航空队少校队长。“九一八”事变时因“不抵抗”政策沈阳沦陷，高志航不甘当亡国奴，拒绝原来航校日本教官的诱惑，抛下家人投奔关内，到中央系航空队任教官，在夜间无灯起飞、倒飞和弧形飞行等方面的绝技独一无二，后任大队长。他以严肃、刚直、忠厚著称，中国空军在抗战初期的第一批空战英雄大都是他培养出来的。

得知对日大战要开始，满怀国恨家仇的高志航兴奋不已，在休假中紧急赶回部队。他任大队长的第4大队装备的是美制霍克-3战斗机，时速360公里，最高升限8400米，装配12.7毫米和7.9毫米口径机枪各1挺，外购单价12万元法币（折合4万美元），为国内空军最先进的战斗机。8月14日第一次空战时，高志航本人和他所率的飞行员抱着对侵略者的长期仇恨，升空后对日机紧追不舍，经约30分钟的激烈战斗，击落日机3架、击伤1架，中国空军无一损伤（对外宣传为6：0），高志航本人还首创中国飞行员击落日机纪录。此次空战是中国空军抗击日机的第一次作战，极大地鼓舞了中国军民的斗志，国民政府便将8月14日定为“空军节”。

8月15日，中国空军又同来犯的日本木更津航空队展开空中激战。此时日军装备的是三菱九六式陆攻飞机，是一种轰炸和格斗功能兼备且速度快的战机，装配两挺7.7毫米口径机枪，时速达430公里，中国空军的霍克-3战斗机与之交锋在速度上略逊一筹。不过

油画《宁死拒俘》，表现的是1937年8月17日中国飞行员阎海文所驾的飞机被日军高射炮击中，跳伞落入敌军阵地，被包围后持枪抵抗不降，最后举枪自尽殉国。

高志航所率的飞行员们仍奋不顾身与敌人搏斗，他本人一再击落日机，所率的飞行员中有11架击落纪录的“空中赵子龙”刘粹刚，以及在初期空战中便有8架击落纪录的李桂丹等人。

飞行员阎海文的事迹，在开战后也被人们广为传颂。他在空战中因飞机中弹被迫跳伞，不幸落入敌方阵地。当时日军想活捉他而没有开枪，步步逼近时，阎海文以手枪连续打倒5名日兵后，因不甘当俘虏举枪自尽。看到此景为之震撼的日军，埋葬他后在其坟上竖起“支那勇士之墓”的牌子。

抗战时期的画家梁又铭所绘的1938年武汉“八三空战”的场面，当时中国飞行员陈瑞钿撞击日机后还安全跳伞，表现了非凡的勇敢。不过当时日机还是基本上掌握了制空权。

中国空军在1937年装备的霍克-3战斗机是对日空战时的主力。

可惜空战开始后仅半个月，中国空军的飞机便损失大部分，只有苏联愿意对华提供飞机。11月间，高志航率队赴兰州接收了伊-16战斗机，飞回河南周家口机场刚落地就遇日机空袭。此时有人劝他尽快隐蔽，得到的回答是马上起飞迎战，并喊：“谁怕死，我毙谁！”不幸的是，飞机还没发动，日机便凌空投下炸弹，高志航当场牺牲。

全面抗战开始后，日机掌握了战场制空权，并对中国城市和前线部队狂轰滥炸。当时苏联希望中国牵制日本，两年间对华提供了985架飞机，主要有时速380公里的双翼机伊-15和时速430公里的单翼机伊-16战斗机，其性能起初同日军战斗机性能不相上下。苏联还派出空军人员以“志愿者”的身份驾机参战，如1938年2月23日即苏联红军建军节这天，苏联以28架SB快速轰炸机从武汉远征台湾，袭击了日占台湾松山机场，炸毁和烧毁了日军40 架组装完成的进口的意大利轰炸机，直接导致机场指挥官自杀谢罪。

美军观察组所摄延安城内照片，可见到房屋在轰炸后所剩无几，人们都搬到窑洞居住。

1937年12月日军侵占南京后，国民政府多数政府机关迁移到“九省通衢”武汉。1938年2～5月，中国空军和苏联空军志愿队在武汉与日机进行了多次空战。

4月29日是日本昭和天皇的生日即“天长节”，日军出动轰炸机、驱逐机共39架空袭武汉。中苏飞行员驾驶的伊-15和伊-16战斗机共67架迎击，经30分钟激战，一举击落日机20余架，被日机击落12架，牺牲飞行员5人，取得抗战以来中国空军最辉煌的胜利。

在此次空战中，中国少尉飞行员陈怀民抓住战机，首先击落1架敌机，随后5架敌机发疯似的围过来向他集中射击。陈怀民与敌机展开生死搏斗，不幸飞机中弹受损，操纵不灵。此时他本可以跳伞求生，但他却开足马力突然向一敌机冲去，以身作弹，与敌同归于尽。爱国将领冯玉祥将军对此壮举赋诗赞道：“舍身成仁同归尽，壮烈牺牲鬼神泣。”随后在8月3日的空战中，中国飞行员陈瑞钿撞落日机后还安全跳伞返回的事迹，一时被传为难得的壮举。

据当年在武汉的人回忆，每逢两军空战时，成千上万的市民不是去躲避防空，而是在街道或房顶仰头观望。一看到有日机被击落，人群中便欢声雷动，不少人还兴奋地把帽子扔上空中。若看到中国飞机坠落，人们便纷纷捶胸顿足，还有不少人悲愤泪下。

1940年，日本"零"式战斗机出现在中国上空，其一时成为难剋的灾星。

尽管中苏空军取得过一些胜利，但日军依仗数量优势，持续对重庆、长沙、广州、西安、兰州等地实施空袭，1938年10月武汉失守后日军又对陪都重庆进行了长达5年多的战略轰炸。中国在防空作战中先后击落日机500架以上，却无法制止敌机肆虐。重庆作为日机轰炸重点，遭空袭共218次，日军出动飞机9513架次，共投弹2.1万枚，炸死市民1.18万人、炸伤1.41万人，炸毁房屋1.7万幢。

日军出于对中国共产党的仇恨，也一再出动航空兵对延安进行猛烈轰炸，并以著名的宝塔作为地形识别标志。1938年11月20日，日机选择周日大规模空袭延安，城内市场因落弹多几乎全部被摧毁。当天毛泽东和中央直属机关从城南凤凰山迅速搬到延河北面的杨家岭，那里沟壑纵横，住所都是窑洞，炸弹不易命中且防震性强，是天然的防空洞。

1940年日本生产出"零"式战斗机，时速达530公里，第一批出厂的15架还没命名就被派到中国参加实战检验。9月13日，日军"零"式战斗机在四川壁山上空第一次作战，中方的伊-15和伊-16战斗机被击落13架、击伤11架，牺牲飞行员10人，而"零"式战斗机没有一架被击落。此前在对日空战中有显著战绩的第28中队队长雷炎均落地后不禁连声叹息："飞机性能差别太大，根本没有还手机会！"此时中国空军只剩几十架飞机，主要采取避战，这段日子被称为"抗战时空中最黑暗的时期"。

苏美援华航空人员为抗战做出贡献

过去谈到外国援华的航空队，宣传较多的是美国陈纳德领导的"飞虎队"，其实早在"飞虎队"来华之前，苏联空军就参加了中国抗战，规模也更大，只是当时此事对外不公开，后来也宣传不够。

这幅"P-40"对"隼式"战斗机的油画，反映了美国援华航空队在1942年初参战后，战机的性能已经能够同日机相抗衡。

苏联援华牺牲的飞行员库里申科大队长的油画像。

唯一击落过日军战机和美军战机的中国飞行员邢海帆。

美国援华“飞虎队”的组织者陈纳德的画像。

1937年以后的三年间，苏联共派遣了3665人来华参战，其中飞行员1091名，先后有200多名飞行员牺牲，库里申科大队长就是被广为传颂的一个典范。他率领机群奔袭日军所占汉口机场并在空中击落5架敌机，返航时被击中负伤，到达四川万县上空时飞机失去平衡，如选择弃机跳伞就能平安着陆，但库里申科为保存价值不菲的飞机，选择了迫降长江水面沙洲的方式。当时机组的领航员、报务员和轰炸员都爬出机舱，被当地民众跳入江中救起。库里申科因筋疲力尽被江水冲走，多日后才在下游找到他的遗体。

当时苏联派空军援华对外保密，库里申科在给妻子写的家书中也只说“我调到东方的一个地区工作”，他的妻子接到的军人阵亡通知书上也只称“在执行任务时牺牲”而未讲具体情况和葬身地。20世纪50年代，库里申科的女儿莫娜·库里申科考入莫斯科机床制造学院，有一个中国留学生叫住了莫娜说：“在中国，人们一直缅怀着一位苏联飞行员，他的姓和你一样。我们早就想问你，你是否是他的亲属？”直到此时，莫娜才知道自己父亲的下落。1957年和1989年，莫娜应邀到四川万县参加库里申科墓园的修建完工和再修典礼，深切体会到中国人民对苏联烈士的怀念之情。

1939年9月第二次世界大战爆发，苏联为避免两线作战而在中国东北边境的诺门坎同日本停战，第二年逐步撤走在华航空队。1940年日本提出建立“大东

亚共荣圈”威胁到美国利益，1941年3月，美国罗斯福总统签署密令允许美国退役人员参加志愿援华队，以私人身份来华担任空军顾问的美国退役军官陈纳德出面牵线，由中国出钱招募100余名美国志愿飞行员和200余名地勤人员，于8月间成立志愿航空队。美国政府还同意中国以优惠价格购买100架P-40战斗机，由美国志愿飞行员驾驶。这支飞行队因空战连连获胜而被人称为“飞虎队”。

当时“飞虎队”的装备是美国新产的P-40战斗机，此款战斗机时速达570公里，可以避免缠斗而用“扑杀法”有效对付日军“零”式和“隼”式战斗机，中国战场上的空中形势很快就有了变化。1941年12月7日，日军袭击珍珠港宣布向美英开战，随即美国同中国结盟。12月20日，美国志愿航空队首次投入保卫昆明的战斗，当天拦击入侵的10架日机，使其仓皇丢弃炸弹返回，并称击落战斗机5架（日本战报确认损失3架），“飞虎队”有1架P-40因燃料用尽在机场迫降时损失。

“飞虎队”成立只有7个月，至1942年7月4日正式取消原名称并改组，成立“美国陆军第10航空队驻华特遣队”，陈纳德晋升为准将，等于将民间武装变成国家正规军。1943年，这支航空队又改称为“美国陆军第14航空队”，飞机最多时达到500架，并装备了美军新式的P-51“野马”式战斗机。从同年秋天的常德会战起，中美战机便占有了优势。

军旅画家孙浩的油画《飞虎队》表现了美国航空兵在华的情景。

中国空军在美国援助下得以重建

当时美国除了派遣航空队援华，也帮助中国培训飞行员并提供新式飞机。近千名中国飞行员飞到印度接受美军航空队训练，还有100余人经严格挑选后到美国受训。1942—1945年，美军帮助国民政府将空军扩大为8个大队，装备各种飞机500余架。当

时的中国空军中也出现了一些优秀的飞行员，后来成为新中国国家主席刘少奇妻兄的王光复，就是一位击落过8.5架日机的王牌飞行员。

在中国空军培训出的飞行员中，还有一位传奇人物，就是曾在美国受过培训的邢海帆。他回国后当过教官，又在空战中击落击伤日机8架，在解放战争时他秘密参加中共地下党并投奔解放区。1949年开国大典时，邢海帆驾机第一个飞过天安门广场。在抗美援

中国画家赵力中的油画《驼峰空运》，被美国航空博物馆收藏。赵先生也将此画电子版赠笔者。

朝战争中邢海帆击落过2架美军飞机，是国内唯一一个既击落过日机又击落过美机的飞行英雄。

中美空军掌握了制空权后，国民党军因腐败无能，导致豫湘桂会战大溃败，柳州、衡阳、赣州等地的7个基地被日军攻占，正面战场的颓势仍未扭转。

美国出于让中国战场牵制日军的目的，在1942年6月滇缅公路被日军切断后，还建立了空中运输的“驼峰航线”。美国调来大量C-46、C－47运输机，从印度阿萨姆邦起飞，经西藏和缅甸相邻处绕到中国昆明、重庆。这一航线全长800多公里，横跨喜马拉雅山脉，沿线山地海拔均为4500～5500米。运输机达不到必需高度，只能在峡谷中穿行，飞行路线蜿蜒起伏犹如驼峰，“驼峰航线”由此得名。

“驼峰航线”是世界战争空运史上持续时间最长、条件最艰苦、付出代价最大的一次悲壮空运。这一航线运送了85万吨的战略物资、3.34万战斗人员，因航线的自然条件极为恶劣，美军因飞行事故损失飞机1500架以上，牺牲飞行员近3000人。中国航空公司则损失飞机48架，牺牲飞行员168人。“驼峰航线”的开通，使中国在滇缅公路暂时断绝之后又有了一条输入国外物资的重要运输线。

在十四年全面抗战中，中国空军以生命和鲜血谱写了一曲可歌可泣的战歌。不过，那时的中华大地上是落后的农业社会，建设空军只能靠苏联、美国的外援。在辽阔万里的战线上，中日双方投入的空中力量都很有限。日军在华作战飞机最多为500～600架，陷入人民战争的汪洋大海后真如同“撒胡椒面”。中国共产党领导的敌后战场又主要进行“打了就跑”的游击战，日军航空兵难以到处支援。八路军在没有防空武器的情况下，靠隐蔽或近战躲避空袭，如在平型关包围日军时遇飞机来袭，便与敌人贴近作战使其不敢投弹。

当时先进的中国人也期盼能建设一支属于自己的强大空军，而这一理想只有到后来新中国成立和实行国家工业化时才能实现。

第 叁 章

“卐”字徽下的德国飞机肆虐西欧

1918年11月，第一次世界大战以德国投降宣告结束，翌年6月巴黎和会签订了《凡尔赛条约》。此时第一次世界大战名将、法国元帅福煦就感慨道：“我们没有赢得和平，只争取到20年的休战。”战败的德国虽然割地赔款，战犯却未被追究，军队骨干和国内工业基础也被完整保留了下来，于是20年后又爆发了一场世界大战。德国空军在新的世界大战爆发前就已咄咄逼人地重新崛起，英国、法国为自己的姑息政策付出了惨重代价。

表现《凡尔赛条约》签订的油画。

纳粹在德国执政后重点发展空军

《凡尔赛条约》虽然规定德国不能组建空军和发展航空业，但战胜国之间因有诸多矛盾而未严格执行这一限令。1922年以后，对德国制造民用飞机的禁令解除，其航空工业研制出不少民航机，工程师设计时还都考虑到能迅速将其改为军用。

德国上层人物看到战后的苏联受西方排斥，又被拒绝在《凡尔赛条约》等国际条约之外，便在1922年缔结了规定德苏经济互惠的《拉巴洛条约》，随后又签订了秘密军事协定。德国向苏俄提供成套武器制造生产线，帮助苏俄红军建立新式指挥和训练体制，换取苏俄对德国开放基地和工厂，共同研究生产新式飞机并培训两国飞行员。在后来苏德战场上拼死厮杀的双方空军军官，很多都是“师出同门”。

在第一次世界大战结束后的十几年间，世界航空技术又有了重大发展，如轻型飞机的时速由不足200公里发展到近500公里，升限由

6000米发展到9000米，最大载重由3吨发展到近10吨，战斗机上除了装配机枪也能装20毫米口径左右的机关炮，空战中出现了翻滚、垂直面改变方向等新战术。

1933年希特勒上台后，把反共反苏作为旗帜而断绝与苏联的合作，又冲破《凡尔赛条约》推行德国军事化。1935年德国生产飞机达4760架，同年宣布空军正式重建，纳粹党二号头目戈林被任命为空军总司令，还被宣布为希特勒的继承人。

戈林在第一次世界大战时是有22架击落纪录的“王牌”上尉飞行员，在德国的名气要比原来默默无闻的陆军传令兵阿道夫·希特勒大得多。不过，此人是个提不出煽动纲领的鲁莽之汉，兴奋时还会跳到桌子上跳舞。戈林在战后一度潦倒，听到希特勒的街头蛊惑讲演就崇拜不已，不久前还是个小胡子下士的希特勒则利用他的名气给了戈林一个纳粹党二把手的位置。1923年希特勒纠集一批打手在慕尼黑发动“啤酒馆暴动”，想夺取州政府，戈林走在冲锋队的前面被拦阻的警察在大腿上打中了一枪。此人在治疗时为止痛打吗啡，之后上瘾，于是长年吸毒，情绪经常歇斯底里，体型也变得像肥猪一般。

希特勒在第一次世界大战时长期待在西线战壕中，经常被上空的飞机压得抬不起头，因此他认定打仗时控制头顶最重要，于是把发展飞机放在扩充军备的首位。当时空军

希特勒（左）对进攻英国总显得犹豫不决，他身边的戈林元帅（右）曾吹牛能夺取英吉利海峡的制空权。

希特勒与他的主要合作者、原德国飞行员戈林（前左）一起夺权的照片。

这是德国重建空军两年后即1937年的宣传画，当时的一种说法称“空军是德国的宠儿”。

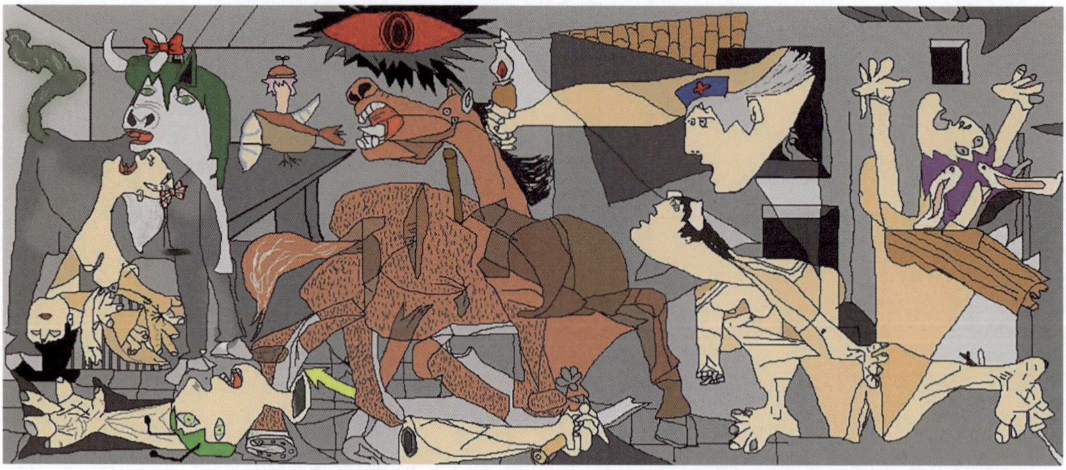

毕加索的名画《格尔尼卡》，表现德国空军轰炸西班牙平民的暴行。

人员在德意志大地上有天之骄子的地位，“空军是德国的宠儿”一语到处流行。希特勒不懂空军业务，让戈林全权主管。这个新任总司令是战斗机飞行员出身，又沉溺享乐吸毒不注重研究航空业新发展，因此其关注重点只是战斗机。

战后德国在十几年间被禁止发展空军，新建时的军官大都从陆军调来，这些人通常从地面炮兵的观念考虑空军的作用，要求发展直接支援前线的攻击机和轻型轰炸机。德国空军从成立时起，就没有研制远程重型轰炸机，任务是充当地面部队头顶上的“空中炮兵”，这虽有利于帮助装甲兵、步兵突击，却留下缺乏远程攻击能力的缺陷。

1936年西班牙内战爆发，德国抓住帮助佛朗哥法西斯叛军这个机会，派出以空军人员为主的5万人组成名为“志愿队”的“秃鹰”军团，前去做实战体验。此时德国空军最出名的战例便是1937年4月26日疯狂轰炸西班牙小城格尔尼卡制造恐怖，导致上千名平民伤亡。这一轰炸，是继日本在中国东北和上海轰炸平民区后又一次违反国际社会禁止从空中攻击民间目标公约的暴行，事后这一事件通过毕加索的名画《格尔尼卡》被人熟知，成为警示战争灾难的文化符号之一。

毕加索因此前逃避西班牙佛朗哥法西斯统治而居住在法国，1940年德军占领法国

时，他因有德国盟国西班牙的国籍而留在那里继续办画展。某日有两个德国军官走进来看到《格尔尼卡》这幅画，随之问：“这是您的杰作吗？”毕加索马上回答：“不！这是你们的杰作！”

在西班牙空战中，德国的梅塞施密特-109（Bf-109）战斗机早期机型时速就达470公里，各种性能都压倒了苏军以“志愿队”名义参战的主力战斗机伊-16，这说明重建的德国空军再次成为称得上世界一流的空军。此前因资本主义世界出现经济危机，英国、法国削减防务费，新型飞机的研制一度停滞。看到德国空军刚建立就有如此强大的实力，英国、苏联和美国都加紧了新型军用飞机的研制。1939年初，希特勒曾对陆海军头目讲过1944年以前不打算开战，但随即他看到周围各国都在加紧备战，其经济实力又占优势，再拖延时间恐对己不利，于是在1939年9月1日进攻波兰而提前发动了战争。

纳粹德国向波兰发起突然袭击的这一天，是国际上多数人认定的第二次世界大战爆发的日子。英法想让“祸水东引”而没有采取积极行动，苏联又想“祸水西引”而同德国签订了互不侵犯协定，于是波兰就成了德国“闪电战”这种先进、灵活的攻击方式的牺牲品，空中力量是德军以较小代价夺取战场胜利的决定因素。

德国梅塞施密特-109（Bf-109）战斗机在1943年以前成为德军战斗机的代名词，画中所绘的便是此种飞机。

德国表现1939年9月以“斯图卡”轰炸机（前）和容克-88轰炸机（后）在波兰实施轰炸的水彩画。

空中突击成为德国“闪电战”的先锋

希特勒进攻波兰，是“闪电战”的第一次试验，目的是避免重蹈上一次世界大战持久作战拼消耗的覆辙，以最小的损失达到速战速决的目的。飞机这一“空中大棒”和地面坦克这一“突击拳头”相结合，是充分发挥“闪电战”威力的两个关键因素。

德国进攻波兰共投入150万人、2000架作战飞机、2100辆坦克。此时波兰军队有120万人，却仅有390架作战飞机，坦克虽有700辆却大多比较落后。

在闪电攻击波兰时，德国空军的主要突击力量是9个Ju-87俯冲轰炸机大队，共366架俯冲轰炸机。这种俯冲轰炸机确切地讲应称为攻击机，因“斯图卡”是德语俯冲轰炸的译音，于是人们又以“斯图卡”作为Ju-87的外号。

“斯图卡”的特点正适合德军初期“闪电战”的需要。它最高时速只有410公里，升限7200米，最大载弹量1800公斤（通常在1000公斤以下），配备2挺7.9毫米机枪，并可挂载2门20毫米机炮吊舱。它速度不快易受战斗机攻击，夺取制空权后才能有效出动。不过其突出之处是机翼上装有特殊的喇叭，俯冲时会发出令人毛骨悚然的凄厉啸声，在进攻法国和苏联之初都把地面上的许多人吓得精神崩溃，人们听到“斯图卡”的啸声便丢弃阵地没命似的奔逃。

当时在各种飞机中，“斯图卡”投弹最准确。原因是它在攻击目标时能成90度直角从空中俯冲向目标再投弹，命中误差通常在1%之内，也就是说，在300米处投弹偏差不会超过3米。“斯图卡”是摧毁对方火力点以支援地面进攻的绝佳机种。

波兰遭受“闪电战”突袭时，空军主力战斗机是英国提供的旧品，因此其在空战时根本不是德军的对手。开战当天早晨，德国空军轰炸了波兰第一线的21个机场、交通枢纽和指挥机构，使波兰空军无法实行集中指挥。德国空

1940年4月，德国Bf-109战斗机掩护舰队进攻挪威的画面。因德国空军掌握了制空权，海军实力居优势的英国舰队被迫撤退。

军完全掌握了制空权后，掩护高速突进的装甲部队在9月8日逼近华沙，从次日起开始对城内进行连续60次轰炸。波兰政府在9月16日逃出国外，后流亡到法国和英国，华沙守军因孤立无援又遭受不间断的空中打击而在9月28日投降。德国空军通过这一仗进一步掌握了地空协同作战的技巧。

希特勒解决了波兰后，根据“先西后东”的既定战略，又将矛头指向在上次世界大战中因保持中立避免了战祸的丹麦、挪威。1940年4月9日，德国空军用Ju-52（容克-52）运输机运载空降兵伞降，仅4小时便兵不血刃地占领了丹麦。与此同时，德军以海军舰队运输陆军登陆挪威，并以飞机运载伞兵突袭其首都，实施开战就“直插对手心脏”的战术。

4月9日天亮后，一支德军伞兵部队乘29架运输机飞到挪威首都上空，德国大使馆武官事先赶到机场等待。德国运输机到达后直接向跑道降落，挪威哨兵看到后大吃一惊，不知所措，等看到停稳的飞机中跳出的是全副武装的德国伞兵后，才知道是武装入侵。一些挪威兵用步枪开火，却马上被德国伞兵的机枪压倒。接着大批德国运输机接踵而至，1500名伞兵直接走下飞机，在德国武官和挪威内奸吉斯林的引导下，在军乐伴奏中直接列队开入挪威首都奥斯陆。

幸运的是，挪威王室和政府得知机场发生战斗后，马上乘车逃往北部，后来又流亡英国。当时德军轰炸机攻击了挪威的炮台和高射炮阵地，掩护了德国海军的登陆。此次"闪电战"又获成功，主要是德军利用了对方没有防空准备。

德军掌握制空权得以顺利攻入荷兰、比利时

纳粹进攻波兰、挪威时，英国和法国虽对德国宣战，却在边界上静坐，等待希特勒同苏联开战，人称经历了7个月的"假战争"。希特勒这个法西斯魔头趁着英法的麻痹状态，先向西线的法国和荷兰、比利时、卢森堡发起总攻。

德军此次总攻共投入了350万人，拥有2600架作战飞机和2800辆坦克。当时英国、法国、荷兰、比利时四国能作战的兵力超过400万人，有3000架以上的作战飞机和3800辆坦克。德军飞机的性能与对手基本相当，靠着战术优势和奇袭，德军掌握了制空权。

1940年5月10日凌晨，德国空军对荷兰、比利时、法国的40多个机场发动了大规模空袭，趁对方还未来得及让飞机升空就将其大量消灭在地面。德军伞兵同时在荷兰、比利时空降，夺占重要桥梁和交通枢纽，为陆军的突击开路。

德军装甲兵的突破点，选择在卢森堡和比利时交界处的阿登山区，在盟军认为坦克部队不能通过之处顺利地直插没有设防的法国北部。此时德军推进太快，牵引火炮大都跟不上装甲兵和步兵，空军火力支援便替代了炮兵。尤其是Ju-87"斯图卡"俯冲轰炸机上带有啸声器，这种心理

1940年5月10日，德军在西线发起突袭，这是轰炸法国机场的场面。

武器发挥了重大效果，到处乱跑的法军官兵和难民混在一起，将国内道路全都堵塞住。

当德军装甲部队以平均每天60公里左右的速度向纵深穿插时，不仅英法联军举足失措，德国最高统帅部也对孤军深入十分担心，提出应缓进等待炮兵跟上。坦克兵悍将古德里安等人提出，应对溃不成军的法军紧追不放。得到希特勒同意后，德军在9天内向西推进了400公里，于5月20日逼近了英吉利海峡，切断了进入比利时的英法联军的后路。

英国皇家空军主要以本土为基地，此时还保存了航空部队基干，主要用于在空中拦截德机以掩护敦刻尔克的本国军队从海上撤退，不过，德国装甲部队若冲进港口也难以阻止。此时戈林却认为飞行部队有了一个立功的绝佳机会，保证“单凭空军即可将敌军歼灭”。希特勒也想保存装甲部队攻打巴黎，于是让陆军暂停进攻。戈林还建议地面部队撤远一点，以免被飞机投下的炸弹所伤。当时陆军将领们着急地叫嚷：“坦克若不再前进，英国人就要逃走了，没人真的相信我们可以从空中阻止他们！”德国空军耶匈尼克参谋长却回答：“铁人（指戈林）相信可以！”

德军轰炸机包括“斯图卡”虽一再攻击敦刻尔克港口，但英军以“喷火”式为主的战斗机却一再拦截并打退了它们。英国舰船终于有了9天的宝贵时间，它们将33.8万人的英法军队（其中英军22万人）奇迹般地撤到了英国本土。由于空战差不多都是在云端上进行，地面上一般看不到，因此一些英国官兵在挨了不少轰炸后就抱怨本国空军不救他们，撤回本土后见到穿空军制服的人就谩骂。丘吉尔为此专门发表公开讲话，说明撤退成功主要是皇家空军的功劳。

法国空军此前因遭受突袭已损失大半，斗志也十分沮丧。6月3日中午，德国空军100架轰炸机在200架战斗机的掩护下，对巴黎附近

美国艺术家Kurt Miller战争题材作品《不列颠之战》，表现了伦敦上空的英德空战。

这幅油画表现了英国皇家空军的“喷火”式战斗机掩护敦刻尔克撤退的情景。

进行大规模轰炸，装甲部队随之实行突破。6月14日，德军开进被宣布为“不设防城市”的巴黎。6月22日，法国贝当政府同德国签订了《停战协定》，实际等于投降。

一系列“闪电战”的成功，使希特勒进一步认识到空军的重要性。不过，德国空军的发展受到物质条件的限制，特别是燃料供应有限。德国本土缺乏石油资源，开战后海外进口被封锁，靠着从匈牙利、罗马尼亚和苏联进口以及国内合成燃料工厂（即“煤化油”）生产，每年所得不过1000万吨左右。相比之下，美国年产石油1.8亿吨，苏联也年产石油3700万吨。

因为油料不足，德国的飞机、坦克和其他车辆的产量就不可能太高。希特勒认为，解决这一难题只有两个办法：一是同英国媾和以恢复海外进口，一是消灭苏联占领高加索油田。除了积极准备进攻苏联外，他还想以轰炸逼英国讲和。

不列颠空战使德国空军首遭败

征服法国后，希特勒在1940年7月10日发表了称之为“和平呼吁”的广播演说，向英国提出两项议和条件：一是承认欧洲现状，二是归还第一次世界大战前德国在非洲的殖民地。以丘吉尔首相为首的英国政府马上回答说，“已经受够了德国的欺骗愚弄，只能同纳粹战斗到底”。

表现德国战斗机和轰炸机在英吉利海峡上空同英机交锋的油画。

希特勒见诱和不成，便于7月下旬下令制订强渡英吉利海峡的“海狮”计划。此时英国皇家海军的舰队吨位同德国有着150万吨对30万吨的绝对优势，德军想登陆成功的前提就是以空袭摧毁英国皇家空军，并把英国舰队驱逐出英吉利海峡。

好大喜功的戈林此时又夸下海口：德国空军一定能把英国飞机赶出英伦天空，再把皇家海军驱逐出海峡。希特勒于是决定，先通过战略轰炸并辅以政治诱降来对付英国，看效果再决定“海狮”计划是否进行。

此时德国空军对英国投入的作战飞机为2669架，战斗机主力是Bf-109E型，最高时速可达620公里。英国皇家空军共有作战飞机1350架，主力战斗机是最高时速650公里的“喷火”式和最高时速519公里的“飓风”式。当时双方飞行员技术水平差不多，但英国处于国土防御的地位，因此有地面防空网特别是雷达和高射炮的配合；而德机飞到敌国上空作战难以得到支援，数量优势可能被抵消。

从1940年7月中旬开始，德军开始攻击英国舰船和诸港口，他们很快就发现低估了英国空军的实力。英国航空工业发达，飞机制造能力较强（加拿大、澳大利亚的工业当时也由英国掌握），飞机的月产量由1940年1月的700架迅速增加到8月的1600架，已经超过德国，形成了“越打越多”的局面。

英国人最庆幸的是，他们拥有刚研制成的“喷火”式战斗机。德国飞行员在空中格斗时常感到Bf-109火力虽强，却不如“喷火”快速灵活。德军空战明星加兰德少校就曾向戈林抱怨战机性能不理想。那个一向迷信Bf-109为“世界上最优秀战斗机”的“帝国元帅”生气地问：“少校，你想要什么样的战斗机？”加兰德当即回答：“你给我一个中队的‘喷火’好了！”

这段当时流传于空军的有名的“元帅与少校的对话”，也从一个侧面证明了英国最优秀战斗机的性能已略胜于德军。

英国在进行本土防空作战时，雷达起着至关重要的侦测预警作用。英国早在1918年就发现了这一电波探测器的原理，后因大战停止研制。1935年6月，英国实现了短波无线电波的突破，这一发明被视为雷达的正式诞生。德军的雷达研

英国“喷火”式战斗机出击的画面，它曾被称为国家“救星”，若没有它，德国“梅塞施密特”战斗机真可能逞凶于英伦上空。

德国加兰德空军少校在不列颠一战成名，他被宣布的战绩是击落过104架英美飞机。其29岁就升为少将，人称“小胡子将军”。

英国建立的雷达站，因其塔台高大成为显眼目标，也是德国轰炸的重点。

制比英国落后很多，不能发现对方国内的飞机动向，而德国飞机靠近英国海岸300公里之前，英军就能通过雷达测出来袭的大致方位和时间，指挥己方战斗机在有利方位和时间迎击，且能极大地减少飞机、燃料和人员体力的消耗。

事实证明，空战胜负不仅要靠战机的数量和质量，还要看情报信息领域的较量。有了信息优势，就能在空中集中局部优势力量来打击对手。

德军靠着数量优势和战斗经验丰富，在初期的空战中虽然损失很大，但却在9月初让英国皇家空军陷入了飞行员一度“青黄不接”的窘境，英军雷达站也多数被炸坏导致其预警功能大多丧失。在此危急时刻，德军突然改变了战术，不再攻击英军的机场和指挥中心，转而对伦敦实施大规模空袭，皇家空军得到喘息时间，不列颠之战就此出现转折。

9月15日，戈林决心孤注一掷，出动了由200架轰炸机和600架战斗机组成的庞大机群攻击英国，英军则先后出动300余架战斗机迎战，双方大战持续了整整一天。英军因有精确调度指挥，飞机轮番起飞拦击。当天德军被击落飞机56架，另有12架飞机在返航和着陆途中受损严重导致坠毁。英军在空战中损失20架“飓风”和6架“喷火”，还有7架受损严重报废。这一天的空战成为英伦空战的转折点，战后英国就将9月15日定为“不列颠空战日”。

经过9月15日的空战，希特勒对实行“海狮”计划登陆英国失去信心。此后，戈林让空军转入夜间狂轰滥炸，目的是消耗对手的战争资源迫使其屈服，结果英国仍是“软硬不吃”坚持抗战。

德军在对英国为时8个月的空袭中，投下6万吨炸弹，炸死了6万英国人，炸伤了近20万人，死伤者大多是平民。英军损失了915架飞机和414名飞行员，德军损失了1733架飞机和6000多名机上空勤人员（包括飞行员、机上射击手、机械员等）。双方飞行员的损失差距如此大，是因为空战在英国上空进行，英机飞行员跳伞后多能平安着陆，而德机被击落后飞行员非死即当俘虏。

航空兵作战的特点是“一人升空，百人保障”，少数飞行员的空中交锋起到决定战争全局的作用。英国以几百名飞行员的牺牲粉碎了德国登陆占领英国的企图，当时英国首相丘吉尔在演讲中赞誉道：“在人类战争历史上，从来没有这么多人从这么少的人那里得到这么多！”这句话后来成了被广泛引用的名句。

不列颠空战作为世界战争史上规模最大的空中战役，是第一次真正具有战略意义的空战，英军的胜利使德军就此陷入拼消耗的长期持久战中。

表现德国空军飞行员在不列颠空战中被击落后迫降着地的画面，在这种情况下他只能成为俘虏。

空画
战说

第肆章

红星战机 由挫败走向胜利

希特勒组建纳粹党时的纲领，就以夺取“东方生存空间”作为德意志未来的方向，这决定了进攻苏联是法西斯德国的既定国策，签订什么条约都是想迷惑和暂时稳住对手。纳粹党横扫西欧消除了后顾之忧后，1941年6月22日就向苏联发起了“闪电战”。苏德交战作为人类历史上伤亡最惨重的战争，主要在广阔陆地进行，空中交锋也十分激烈。卫国战争开始时苏军损失量惊人，重要原因是涂着“十”字形符号的战机几乎控制了战场上空。苏军后来转败为胜，又是因涂着红星的战机夺取了制空权。

苏联早期宣传画《红军万岁》，表现了当时苏维埃国家以军工为主的建设思想，航空力量又是重点。

1937年的苏联宣传画《提供15万名飞行员！》表现了对航空后备力量建设的重视。

大而不强的苏联空军遇袭大败，一度提倡“空中撞击”

纳粹党以反动的“种族优越论”起家，希特勒把英国人还看成“雅利安兄弟”，却把斯拉夫人（俄罗斯族属于东斯拉夫人）视为“劣等民族”。德国普通人从纳粹宣传中听到的苏联国情，是如同中世纪一般落后愚昧，其取得的武器发展不过是此前德苏秘密军事合作时德方所提供的技术，根本不堪德军一击。希特勒要求德军统帅部制订的“巴巴罗沙计划”，预定开战6个星期就攻下莫斯科，3个月内就占领苏联在欧洲的主要部分。

沙皇俄国的确是个落后的农业国，但它对军事技术却一直很重视。1917年俄国“十月革命”后仅两个月，列宁就提出“航空是本世纪重大文化之一”，要求发展飞机工厂，并指出：“苏维埃共和国不应该再有类似于香水或香脂厂那样的企业。”压低奢侈消费品生产转而发展军工，这种“要飞机不要香水”的建设思路使工业落后的苏联很快成为航空大国。

1911年沙俄在国内就建立起航空队，只是因国内工业科技落后而靠外购飞机或发动机。苏联建立后，在20世纪20年代通过同德国秘密合作建立了先进的飞机工厂和训练基地，1932年在远东专门建立了生产飞机的“共青团城”，几十年后著名的苏-27就由该处出产。20世纪30年代苏联建立了航空爱好者培训机构，最具影响力的组织是“航空之友协会”，该协会使几十万人学会了滑翔。1937年，苏联政府发出培训15万名飞行员的号召，这些人多数在战前只受过初步驾机培训，不过后备飞行员的数量远超注重“精英培训”的德国。

面对战争临近这种情况，苏联航空业一方面为落实领袖指示加大飞机产量，另一方面却又出现了计划经济体制下重数量、轻质量的弊病。1941年上半年苏军飞机数

开战时苏军主力战机伊-16（前）在空中已不是德国梅塞施密特-109战斗机（后）的对手。

量居于世界第一，作战飞机达1.8万架（还有其他飞机1万架），多数却是过时的伊-16战斗机。其改进型的战机最快时速为520公里，而此时德军新型Bf-109战斗机时速却超过600公里。苏联突击研制的米格-1、雅克-1战斗机在航速上接近德国战机，但机动性却很差且事故频发，被飞行员讽刺为“涂着油漆的棺材”。苏机又未装配电台，只能靠在空中打信号枪发令，德军战机却普遍装备电台而易于指挥和协同作战。

在德军发起突袭前，斯大林一直不相信德国未结束对英作战前会进攻苏联。1941年6月22日凌晨4时整，越境后按计划飞抵苏军前线机场上空的德国飞机刚好迎来天色微明，在能看清目标的情况下准确投弹。苏方记录当天有1200架飞机被摧毁，其中780架尚未来得及起飞便被炸毁在停机坪上（因出现混乱报告不全，估计损失在1800架以上）。少量起飞的苏联战斗机也不是德机的对手，大批被击落。德军当天损失飞机78架，大多是被地面火力击落。

此时德军投入东线的飞机不过4000多架，却控制了天空。苏联飞机性能落后，飞行员也多数是新手，大都只有100多个飞行小时。德国飞行员中执行过1000次战斗任务的人不在少数，新飞行员也都有300个以上飞行小时。后来对照双方的档案，苏德飞机在初期空战中的损失比竟为12：1。

当空中格斗难敌对手时，红色战鹰仍拒绝屈服，在战争初期自发采取了“火焰突击”——撞击敌机。苏联政府公开鼓励空中撞击，不过这等同于后来日本的自杀式冲击，要求飞行员尽量用翅膀撞击敌机再跳伞，同时不能怕牺牲。时任苏联空军总司令的诺维科夫就提出：“空中撞击不仅要进行精确的计算，更要有勇敢的精神。空中撞击是要做好献身准备的。”据后来统计，苏联飞行员在采取空中撞击行动时有37%的人牺牲，其余的人有的跳伞生还，有的甚至还驾机返航继续战斗。

开战18天后的7月10日，苏军飞行员捷廖欣就成功实施了第一次奇迹般的空中撞击。他驾驶伊-16战斗机攻击容克-88轰炸机，子弹射完后仍未将其击落，便索性追上敌机用螺旋桨“割下”其尾翼。敌轰炸机因采用的是密集队形，丢了尾翼坠落的敌机又撞上了另一架德机。两架德军轰炸机的飞行员跳伞时，捷廖欣因飞机撞坏也跳了伞，双方飞行员于是用手枪在空中互射却都没有击中。地面的农民们仰望此景马上围拢过来，几名德国飞行员刚落地就被抓住并被绑了起来。捷廖欣返回指挥所

苏联战争初期的宣传画《撞击是英雄的武器，斯大林雄鹰的光荣，法西斯匪徒的克星》，鼓励空中撞击是在战机性能落后时无奈的选择。

战争初期的苏军因无制空权而遭德机猛烈突击的画面。

美国生产P-40战斗机供给苏联，其机动性虽不如“零”式和Bf-109，但机体强固和动力强劲却是其优点。这是苏军用其击落德军Bf-109的油画，据记载，苏军打光弹药后还曾用它撞击德机。

时，一只手拿着枪，另一只手牵着被俘虏的德军飞行员。

从1941年8月起，美国对苏联以提供租借物资的形式援助战斗机，给的却是自己不满意的P-40早期型。苏联飞行员驾驶后感到它不如德机快速灵活，但是机身强固且有装甲。1942年4月28日，苏联飞行员哈罗贝斯托夫中尉用P-40的坚固机翼削掉了一架Bf-109的尾翼，接着又把第二架敌机的机翼齐刷刷地斩了下来。两架敌机当场坠落，哈罗贝斯托夫安全返航后发现，这架因撞击受伤的P-40机翼还能很快修理好，于是他也就此获得了“苏联英雄”称号。

据苏联的资料，战时空中撞击多达600次，绝大多数发生在战争初期，这种空战奇观也是无奈之举。此举却震撼了敌军，德国空军专门规定空战时不要接近苏机100米内。此时苏军损失极重，在头半年的撤退时就因被击落、炸毁和抛弃损失飞机2万架。德军此间损失3000多架飞机（多数是被地面火力击落），却在开战后4个月内掌握了制空权，其空军掩护装甲集群对苏军重兵集团实施了一次次合围歼灭。战争初期苏军T-34坦克优于德军各型坦克，损失量却大于敌坦克6倍，其大部分是被空中打击特别是“斯图卡”的低空投弹所击毁。

苏德空军在战争初期的交战结果说明，建设空军这个技术性极强的军种应更重质量和技术而非数量，战前苏联片面追求飞机数量是一种错误的发展思路。

苏联在莫斯科和斯大林格勒的反攻中夺取了制空权

希特勒、戈林在对苏“闪电战”之初看到摧毁了多数苏军飞机，一时高傲地宣布“我们的敌人已经被打倒了”。殊不知，苏联空军迅速恢复过来，德军反而在俄罗斯的冬雪中一度陷入难以作为的狼狈境地。

苏军在战争初期飞机损失虽多，但飞行员却大都保存了下来，这是因为机场遇袭时飞行员多未登机，此外，空战中跳伞的飞行员基本落在本国土地上因此能够归队。在当时，培训飞行员远比生产飞机费时费力，加上苏联后备飞行员数量众多，工厂的飞机产量在开战半年后又超过了损失量，因此空军实力不但未减反而增强。

1941年10月中旬，德军逼近莫斯科，在此关键时刻德军却缺少了空中支援。苏军战机起飞架次超过德机5倍，改进的雅克-1和美英援助的战斗机的性能又同敌机缩小了差距。此时莫斯科及其附近连天阴雨，德军的土跑道野战机场陷入泥泞，苏军在莫斯科地区有着水泥跑道的机场却能保障战机起飞。德军运输线太远导致运力不足，加上遭遇苏联游击队的不断袭击，对前线油料、器材和弹药供应时断时续。

著名航空油画《汉斯，6点钟方向，雅克-3！》，表现了苏联的雅克-3在战场出现后就成为Bf-109的劲敌。

11月中旬地面封冻，德军因道路和野战机场的跑道已经冻硬，便恢复了对莫斯科的进攻，不到半个月冬季的严寒到来又使其空军陷入半瘫痪状态。除了油供应不足，德国人还缺乏严寒中保养飞机的经验，只有15%的飞机能够起飞。苏联空军人员却熟悉在严寒天气里如何维护和使用飞机，而且莫斯科基地的供应条件也好。12月6日，在朱可夫指挥下的苏军在莫斯科附近开始反攻。当时苏联在此处的兵力、坦克数都不如敌人，但空中力量却居于优势。苏军轰炸机不多，便将强击机、战斗机都用于投弹扫射，白茫茫雪地上暴露的德国车辆成了最明显的目标。苏军在追击中发现，德军数以万计的车辆被炸毁或被打坏，还堵塞了往后撤的几条道路，德国步兵只好徒步逃跑。据德国统计数字，在发动“巴巴罗沙计划”时，德国共集中了50万辆汽车运输，到1942年初时，只剩下1/3。1941年下半年德国先后投入东线的4000多辆坦克，也只剩下140辆可用。此前不可一世的德军，在东线第一个冬天的败退中真是到了丢盔弃甲的狼狈状态。

1942年开春后，德国空军补充了新型飞机，有了合适的气候条件，又在战场上空占据优势，掩护地面部队再度发动攻势。在这一年夏季的空战中，苏机损失率仍为德机的4倍。德军在8月23日这一天出动飞机1500架次，对斯大林格勒实施了苏德战争史上规模最大的一次轰炸。德机首先绕过高炮阵地，按惯用方式先炸坏供电供水系统，再大量投掷烧夷弹。苏机虽起飞迎击却未能有效保卫上空，在全城大火中有4万市民死亡，100多家企业因受损严重而断电停产，通讯网遭火灾破坏导致对部队的指挥中断，德军装甲部队乘苏军紊乱之际，在战争中最后一次创造了高速推进的纪录，一日内前进80公里，冲到伏尔加河岸边。

苏军随后在斯大林格勒实施了顽强防御，德国人把这场在瓦砾堆里进行的战争称为“老鼠的战争”。双方展开激烈巷战，苏德空军在城市上空也展开激烈搏斗，平均每天进行空战60～70次。苏军装备了国产新型战斗机拉-5，其综合性能同德国战斗机差不多，被称为

1942年夏季投产的拉-5战斗机扭转了空中形势，被称为“斯大林格勒的小救星”。

苏联表现莫斯科会战反攻阶段的全景画，图中是佩–2轰炸机出击以配合地面反攻的画面。

“斯大林格勒的小救星”。苏联飞行员的作战水平也大大提高，双方空战时基本势均力敌。

1942年11月19日，斯大林格勒方向的苏军开始大反攻，此刻苏军不仅在飞机数量上优于德军，并有大量新投入的战机。德军飞机却因久战磨损严重，备用发动机和燃料都不足，起飞率很低。苏军反攻4天后，就将德国第6集团军约27万人包围在形似一口“大锅”的区域里。希特勒当时不仅低估了苏军地面上的阻援能力，也相信了戈林能够以飞机供应第6集团军的诺言。结果德军地面部队冲不破苏军的包围圈，担负供应的几百架运输机多数被苏军战斗机和高炮击落或毁于风雪中，飞机基地还被苏军坦克摧毁。德军又用轰炸机来空投，损毁多而运量小。

戈林原来以为每天可向被围的德军空运600吨物资，后来实际只达到100吨，士兵在多数日子中只能得

画中所绘的Fw–190A型战斗机在1943年以后成为德军战斗机主力，图中为两架苏军的拉–5战斗机正在与之格斗。

苏联所绘的斯大林格勒全景画中的局部画面，显示了包围圈内德军机场在苏军攻击下最后陷落的场面。

到200克食物。快饿疯的德国兵把骑兵师的马匹全部宰杀，据当事者回忆，场面十分吓人，士兵们砍下马头后竟抢着生喝脑浆。饥寒交迫的9万残剩德军最后投降，戈林哀叹：“我的轰炸机队在斯大林格勒损失殆尽。”

斯大林格勒会战作为第二次世界大战的转折点，从此德国空军元气大伤且不能恢复，其飞机产量虽在上升，但合格飞行员却再难以补充足额。1943年7月，希特勒为夺取战场主动权，孤注一掷地集中装甲兵主力进行库尔斯克会战。德国空军在战役前装配了新式的Bf-109战斗机和福克战斗机（即Fw-190A型），苏联则改进了拉-5战斗机，还大量生产雅克-3这种空军满意地称之为“红军飞行员梦中坐骑”的战斗机。此时德军的优秀飞行员不足，希特勒和戈林于是采取近乎竭泽而渔的办法——把航校教员调来参战。这一仗德军未能获胜被迫后撤，航校教员的大量损失还严重影响了后备飞行员的培训。会战以苏军反攻结束，德军又将一些航空部队调到本土应付英美轰炸，在东线战场德军永远失去了制空权。

从1943年秋至1945年春，苏军大反攻时组织了一系列大规模进攻战役，每次都能集中战机掌握制空权。如1944年6月下旬进行白俄罗斯战役时，苏军投入4500架作战飞机，德军在这一方向只剩400余架飞机，战区头顶上看到的都是苏联战机。7月15日德军调动2个最精锐的装甲师来堵塞突破口，苏军马上在5小时内出动了1800架次轰炸机、强击机，将公路上行进的德军坦克和其他车辆大部分摧毁。此后德军那些性能称雄世界的“虎”式、“豹”式坦克几乎难以在白天集中作战，苏军的坦克洪流却在头上战机的掩护下向柏林挺进。

苏联飞行英雄显示出顽强不屈的民族精神

占苏联人口一半的俄罗斯民族，有着“战斗民族”之称，历史上就有强悍的传统。这个民族历经苦难，人们在保卫祖国时迸发出勇敢无畏的精神，令世人称赞。

卫国战争爆发前，苏联出现了灾难性的内部“大清洗”，导致大量冤假错案。如著名航空设计师图波列夫在早期通过与德国工程师一起设计飞机提升了技术水平，但在“大清洗”时其被诬陷向德国“泄密”而入狱。有人向斯大林说这是一个无可替代的人才，因而其被获准在狱中建立研究所。图波列夫聚集起一批同样蒙冤被关的航空界人才，以忘我的精神日夜加班，在1942年研制出苏军急需的图-2轰炸机（新中国从苏联最早进口的轰炸机也是该型）。斯大林由此下达释放令并让他领导航空科研，后来其设计的图-16轰炸机和图-104客机都扬名世界。图波列夫战后成为科学院院士、空军上将，他为祖国而不计个人委屈的工作精神受到人们的赞扬。

苏军飞行员在战争初期虽然机不如敌、技不如敌，但出于对法西斯的仇恨和爱国精神却能殊死拼杀。有的飞行员负伤截肢仍升空作战（当时驾驶飞机是用手拉杆而不需脚踩油门），战时出现了8名“无脚飞行员”，最有名的是失去双脚的阿列克谢·马拉斯耶夫。他来自远东共青团

苏联著名航空设计师图波列夫的画像及为纪念他所发行的邮票，他最后获上将军衔。

1942年阿列克谢·马拉斯耶夫少尉驾驶雅克-1飞机被Me-109s战斗机击落，着地后因骨折爬行18天获救。他因冻伤截肢，后用假肢重上蓝天，成为有名的“苏联英雄”。

城，中学时就加入航空俱乐部，战争初期驾驶雅克-1这种木质飞机参加空战，半年内击落敌机4架。1942年4月他在空战中被击落未能跳伞，坠落在林区靠树木缓冲，被甩出机舱后落在雪地上幸存了下来但却双脚骨折。马拉斯耶夫在森林中以雪水和树皮为食，顽强爬行了18个昼夜才被一个村落的居民发现，随后被送到医院，但因两条小腿都被冻坏只好做了截肢手术。随后他用一年时间恢复并用假肢学习行走，经过多次争取，得到军医委员会批准飞行。1943年6月，他重新上天，所架的飞机换成了能与敌机媲美的拉-5，在8月的一次空战中他居然一举击落了3架Bf-109战斗机，就此获得了“苏联英雄”称号。此后他又完成了100多次战斗飞行，击落了4架德国战机，使战绩达到了11架。

马拉斯耶夫的事迹被写成纪实小说《真正的人》，在苏联几乎家喻户晓，20世纪50年代其同《钢铁是怎样炼成的》一起在华广为发行，影响了那一代的中国人。他后来以上校军衔退伍（有人称其“无脚飞将军”不确切），当选为苏联老战士委员会责任书记，苏联解体后改任俄罗斯老战士委员会副主席。2001年在他85岁生日时，俄罗斯军队正要在剧院为其举行音乐会，却突然传来老英雄去世的消息，总统普京马上为之发出唁电。

苏联是世界上唯一建立过妇女航空战斗部队的国家，卫国战争中女飞行员的战绩在历史上也是独一无二的。战前为强调“妇女解放”，苏联表彰和鼓励女性参加飞行，有2000名女青年进入过飞行学校。号称“美女试飞员”的格里佐杜博娃在1936年和另外两名女飞行员完成了从莫斯科到远东的6400公里中途不着陆飞行，创造了世界纪录，三人都分别被奖励了一辆轿车，成为苏联最早有“私家车”的人。战争开始后，经格里佐杜博娃提议和斯大林批准，三名共创世界纪录的女飞行员召集受过初级培训的女飞行员建立起三个航空团，由三人分别担任团长。她们在战时都升为上校，是苏联妇女在战时获得的最高军衔。其中格里佐杜博娃名声最大，她于1993年去世，在俄罗斯仍是被长期纪念和广泛宣传的女英雄。

2010年1月14日，俄罗斯邮政发行年度首套邮票，纪念女试飞员、战时第587轰炸机团团长格里佐杜博娃上校诞辰100年。

1942年，32岁的格里佐杜博娃上校任第587轰炸机团团长时的照片，该团使用佩-2轰炸机。战时她个人完成200次以上战斗出动（包括132次夜间行动），连续获“苏联英雄”称号。

战时苏联空军因轰炸机的远程攻击能力不高而大量使用简单的波-2教练机，由全部是女飞行员组成的第588夜航轰炸团实施晚间攻击。德军蔑称这种飞机为“胶合板飞机”。波-2通常挂2枚50公斤或100公斤炸弹低空投掷，战果虽不大，但却让德军前方车辆在夜间行驶时不敢开灯而事故严重，官兵睡不好觉，因而德国人咒骂苏联这些女飞行员是“夜间女巫”和“讨厌的蚊子叮咬”。

作为世界上仅有过的女子战斗机团——第586团，3年间共出航4419架次，驾驶着雅克-1或拉-5式战斗机进行了129次空战，击落德国飞机38架，涌现出许多王牌女飞行员，其中最有名的是莉莉娅·利特维亚克，她驾驶雅克-1战斗机以击落敌机12架名列战史上女飞行员的战绩之首，当时她在苏联被称为“斯大林格勒白玫瑰”。

1943年8月1日，年仅21岁的莉莉娅驾驶雅克-1B型战斗机在库尔斯克的空战中被敌机包围而遭击落。德军得意地宣扬，他们击落了苏联有名的“白玫瑰”。苏军参战飞行员回来报告说，看见莉莉娅的飞机起火一直坠地，而未看到空中出现伞花，部队认为她是随机坠落牺牲并申报授予其“苏联英雄”称号。上级得知坠机点在敌占区，随后占领当地时又找不到飞机残骸和遗体，担心其可能被俘而没有同意授予。1990年库尔斯克旧战场进行工地建设时，人们终于发现那架雅克-1B型战斗机的残骸，里面还有一位小个子飞行员的遗骸并判明是女性。时任苏联总统的戈尔巴乔夫终于追授莉莉娅·利特维亚克为“苏联英雄”，苏军为其举行了隆重的葬礼。因翌年苏维埃国家解体，因此她成了这一称号的最后获得者。

卫国战争中的苏军第一副统帅朱可夫曾感慨地说：“我们几乎是眼看着空军在战争中壮大起来了。”西方人出于政治偏见总贬低苏联的战果，而根据德国战时档案和两德统一后公布的数据看，德军战时损失的飞行员有一半是在东线，作战时损失的6万余架飞机也约有一半是苏军飞机和地面火力所造成。经过残酷的战争，战后苏联空军的实力已仅次于美国，这也奠定了冷战时期几十年的世界战略格局。

莉莉娅中尉的照片，生前她号称“斯大林白玫瑰”，1943年8月1日被击落失踪。1990年她的遗骸被找到，政府追授她“苏联英雄”并举行了隆重的葬礼。

第伍章

盟国共同从头顶摧毁纳粹老巢

德国对外侵略分为东、西两线作战，东线主要打伤亡巨大的陆战并以空军辅助，西线主要进行伤亡人员不多而主要拼技术装备的海空战。英国和美国的航空兵对德国进行了持续的战略轰炸，自1943年以后苏联空军也夺取了东线制空权，尽管德国空军拼搏到柏林战役的最后时刻，却在燃油耗尽、机场大多陷落时迎来了最后的毁灭。

盟军轰炸德国面临难题——“炸工厂还是炸工人”？

1941年6月德国对苏联开战前，英国忙于本土防空，同时也派出少量轰炸机对德国实施夜间袭击。德军主力转到东线后，12月间美国又对德宣战，英美在迟迟未开辟地面“第二战场”时展开了对德国的大规模战略轰炸。

德国空军的任务是为地面“闪电战”服务而充当“空中炮兵”，没有发展远程轰炸机和大型轰炸机。英国却投入了很大力量发展远程轰炸机和重型轰炸机，“兰开斯特”型轰炸机是其主角。该机最大时速434公里，载弹量6.3吨，航程3600公里，从英国起飞半径能达到德国一半地区。不过其航速比德国战斗机慢得多，白天易受拦截，主要在德机和高炮寻找目标困难的夜间出击，安排的轰炸目标顺序依次是潜艇基地、石油工业、航空工业和其他军工厂。

英机夜间轰炸起初效果很差，它以雷达搜索到想炸的基地和工厂位置，在黑暗中只能概略投弹，对机器设备难以命中，德国的军工产量一直在上升。英军哈里斯上将就任轰炸机司令部司令后就提出——“毁坏德国工人的住所，并且在道路上大量杀伤工人，与炸毁工厂一样有效”。丘吉尔的科学顾问切尔威尔勋爵也统计说，2200万工人居

英国轰炸机司令部司令哈里斯的形象漫画，前面就是他最重视的“兰开斯特”型轰炸机。

1943年6月，美国《时代》杂志以英国轰炸机司令部司令哈里斯作为封面人物，背景是以轰炸的铁锤打击纳粹。战后他升为元帅，但其轰炸平民的做法却广受非议，他本人也保持低调。

描绘“千机大轰炸”场面的油画，美军的B-17轰炸机正遭到德军Fw-190战斗机群拦截。

住在德国58个大城市中，让他们无家可归，就能够削弱德国的士气并影响生产。

1923年世界各大国制定的国际空战协定，曾明确限定禁止进行对平民造成恐怖、以非战斗员为目标的轰炸。日本在协定上签过字，德国也做过不违反的承诺，可是他们发动战争后却故意滥炸平民区以制造恐怖气氛。英国官方认为德国首先违反了这一国际空战协定，自己若再遵守就是束缚打击敌人的手脚。

根据“炸工人优于炸工厂”的想法，英国的哈里斯上将决定对居民区实施大面积摧毁。1942年5月31日夜晚，英国空军对德国古城科隆实施首次“千机大轰炸”，以1046架轰炸机投弹1455吨，其中2/3为燃烧弹。该城40公顷地区被夷为平地，14万人无家可归。

进入1943年以后，美国陆军航空兵同英国皇家空军开始联合作战，不过其观点是昼间精确轰炸

英国首相丘吉尔的油画像。

汉堡大轰炸后的城市惨状。

德雷斯顿大轰炸后的城市惨状。

才能摧毁重要目标。美军投入轰炸的主力是B-17“空中堡垒”重型轰炸机，它在B-29服役前是世界上威力最强的轰炸机，共生产了1.27万架。其最大时速为380公里，最大载弹量为8吨，因航速慢易遭攻击，靠机上机枪自卫时曾被德国战斗机大量击落，后来有美军战斗机护航才减少了损失。1943年7月以后，美军使用了号称“战斗机之王”的P-51“野马”式战斗机，其被国际上公认为第二次世界大战期间性能最好的战斗机。其最大时速703公里，升限1.28万米，航程3400公里，装配12.7毫米机枪6挺，性能优于德军各型战斗机。

1943年7月下旬，英美空军联合进行了一次战史上争议颇大的“汉堡大轰炸”。首次轰炸时，英国空军采用了电子干扰战术，投下一大堆金属铝箔条，使德国雷达屏幕上一片迷茫，搞不清空中发生了什么，未起飞战斗机拦截。之后，英军700架轰炸机进入市区

美军P-51“野马”式战斗机依靠其灵活性击落高速的Me-262的画面。

中心投掷了2326吨燃烧弹，引发了“烈火风暴”。炽热的空气以极大的力量在街道上咆哮而过，风暴性大火逐渐扩散，使1.6万套住宅被烧毁，超过4万平民身亡，绝大多数死者都是在防空洞中因炽热和缺氧而丧命。后来英美在轰炸德国的德雷斯顿时，也采取了同样的方法。

英国和美国为摧毁德国人的意志和减少其人力资源，把平民当成轰炸目标，是对法西斯的报复，正如有些评论家所说是“以残暴对残暴”。由于盟国轰炸平民的力度超过德国、日本，后来在纽伦堡、东京审判德日战犯时只好采取“同犯不究”的原则，不追究德日空中攻击平民的暴行。

据估算，美国和英国对德国的轰炸共投弹270万吨，其中一半用于轰炸其本土，一半用于轰炸其占领区的目标，德国被炸死80万人以上。轰炸中美国损失飞机1.8万架，英国损失2.2万架，两国共有14万飞行人员阵亡或跳伞被俘。尽管轰炸付出的代价高昂，但德国的军工生产在1944年秋天以前还保持着增长势头，直到此后因盟军占领了德军众多物资来源区才导致产量下降。一些战史研究者就此指责战略轰炸得不偿失，还不如将这些资

英国“兰开斯特”轰炸机在夜间向德国城市投掷大量燃烧弹，引起地面熊熊大火的画面。

源投入地面进攻。

若从表面数据看，盟军的持续空袭对德国的飞机、坦克等主战装备产量没有造成太大影响，但是对战略资源如石油业的打击却起到了重大作用，油料日益缺乏导致德军飞机和坦克在末期大都难以出动。盟军对德国的战略轰炸，迫使其从东线抽调大批一线战斗机回国防空，德军还把空军所属的高炮部队增加到90万人，这也大大影响了前线兵力补充。另外，持续空袭还严重挫伤了德国军民的斗志。

德军“超级王牌”扭转不了空战颓势

德国空军虽然在战争中愈战愈弱，但它宣布的“王牌飞行员”数量却为世界最多，所称战绩惊人，王牌飞行员（击落5架为起始标准）总数超过3000人。其战绩最高者为哈特曼少校，其参加空战800余次，自己被击落或飞机负伤迫降16次却从未负过伤（跳伞后被苏军俘虏一次又很快逃回），声称击落战机352架。德国空军联队宣布击落数也相当惊人，如王牌飞行员最多的第52联队（JG-52）一直在东线作战，哈特曼就是其成员，德军称这个联队击落过1万多架苏联飞机；战绩第二位的第54联队（号称“绿心联队”）也称击落过9500架苏联飞机。

由于这些德军王牌飞行员击落的主要是苏联飞机，战后西德又加入北约，于是西方长期肯定他们的战果。不过，若全面考查战争进程，马上会看到所说的这些战果与之严重不符。东线的德军空军联队有20多个，所称战绩都不少，若将这些击落数字相加，苏联空军早就被消灭光了，无可否认的历史实际却是苏军在1943年以后夺取了空中优势。

V-1作为世界上最早的巡航导弹发射时的情形，它时速不过640公里，所发射的8000枚导弹有一半被中途拦截。

苏联瓦解后，俄罗斯史学家能看到开放的历史档案，再对照德国宣传的战果就发现夸大之处太多。查苏军档案可看到，在1944年8月波兰桑多梅日的空战中，苏军战机被击落11架（其中8架是损失于地面火炮），哈特曼及他所在中队的战报却是击落苏机32架，这夸大了近乎3倍。战时苏军王牌飞行员、两次“苏联英雄”称号获得者维塔利·波普科夫在2006年2月向国内外记者宣布，纳粹德国飞行员的战果被严重夸大，他还说明：“战后我曾与德军王牌飞行员就此事有过对话。被我击落的（德军）第52战斗机联队队长巴茨在审讯中宣称他击落了250多架飞机……查证当时升空的我军飞机数量，结果明显不一致。最后他只得承认虚报战果，把自己击落飞机数量减少至1/4。”

德国空军当年还树立起一个王牌轰炸机飞行员典型，即Ju-87“斯图卡”飞行员汉斯·鲁德尔，他声称共摧毁519辆坦克、150个炮兵阵地，近1000辆其他车辆、70艘登陆艇、3架战斗机和强击机，并击沉了苏联战列舰“马拉”号和一艘重型巡洋舰。不过查一下战史可知，“马拉”号在1941年9月的空袭中被投下的800公斤航弹炸毁了锅炉，失去动力一时搁浅而未“沉没”，随后这艘战列舰由拖轮牵引继续用炮火作战直至战争结束。此外，苏军在战时也没有重型巡洋舰被空袭击沉。汉斯·鲁德尔所称击沉苏舰的战绩明显夸大，所称其他战果也可想而知。

德国在战争后期夸大个别胜利的目的是掩饰军队的整体颓势。此时一些“王牌明星”如哈特曼、鲁德尔等被吹得天花乱坠，包装出这些“超常”人物可显示日耳曼民族是“最优秀”的“超人”，这是出于政治需要而非尊重事实。

第二次世界大战期间，苏军宣称个人击落20架战机以上的王牌飞行员有200余名，这一统计不会很准确，尤其是苏军飞机多没有配备照相枪（照相枪上的图像也不一定能准确判定击落或击伤），认定战果靠自报和战友证实相结合，判断差误和争功都会导致夸大现象。如近卫101团的一名飞行员列瓦诺夫击落第3架德机的战果被部队怀疑后，他找来两名将军作证得到承认。接着他在一个月内竟报了17个击落战果，各大报纸跟着报道，因有人批评这明显不实，此后就不再对他做宣传。

苏联瓦解后档案解密，也开放赴德国查证研究。有些俄罗斯战史研究者依照苏军二号王牌波克雷什金击落59架德机的纪录（53架个人战果，6架共同战果），再对照德军在与之交锋的各次空战中的损失记录，认为确切的战果应该是单独击落43架，共同击落3架，这也应算是相当辉煌的战绩！

在苏联人的心目中，头号王牌应该是波克雷什金，因为他从卫国战争第一天起就参加了空战，对手普遍是德军有经验的飞行老手，其所驾战机性能又差，因此在开战头几个月就被击落过两次，其还误击落一架己方飞机。通过总结经验，波克雷什金击落了越来越

这是表现苏联空军英雄阔日杜布驾驶拉-7击落Me-262喷气式战斗机的画面。

多的德机而自己再未被打落，而且还发明了一系列有效克敌的空战方法，被称为“苏维埃空战之父”。1944年末，斯大林担心这个英雄偶像若牺牲会影响士气，便禁止他再升空作战。

苏军头号王牌飞行员阔日杜布的纪录，是击落62架德军飞机（此外还“误击”落2架美军P-51）。他于1943年参加空战，对手多半是德国“菜鸟”，而且是在波克雷什金不再升空的1945年春天才超过他的纪录。当然，阔日杜布自己从未被击落过，只是因战机负伤迫降过一次。至今空战研究者对其战绩也未提出质疑，战后由八个主要参战国评论员组成的空战研究会曾认定他是第二次世界大战中最优秀的空战飞行员之一。从确凿记录看，阔日杜布用拉-7打下过多名德军王牌，最后还击落过一架Me-262喷气式战斗机。在抗美援朝战争期间，阔日杜布作为少将师长率部来华防空（斯大林禁止他本人升空作战），并教授中国飞行员如何作战。1989年中苏关系实现正常化后，已是空军元帅的阔日杜布提出想再访华并得到邀请。1991年在收拾行装准备启程时不幸突发心脏病去世，很多解放军第一代飞行员仍长久地怀念他。

有些“二战”研究者认为，德军飞行员战绩确实高于他国，是因为高层要求他们不停作战直至死亡或残废，不像别国飞行员那样经常轮换。美国和英国的王牌飞行员最高战绩也只有40架，其原因一是战果认证严格，二是飞行员参战一段时间后就回国当飞行教官，这样既保留了老骨干，也便于培养新手。

第二次世界大战末期，德国空军出现了一种怪现象——只有极少数空战的“超级高手”，多数飞行员因缺乏培训已不能胜任空战，航空部队整体素质大幅下降。这一情况说明，空军建设不能只注重树立“超人”而不注重提升群体素质，个别人的成功不可能改变整个部队的状态。

1945年4月16日，苏军对柏林发起总攻，使用了7500架飞机，当日飞机出动量就达1.7万架次。德国空军则以残余的1000多架飞机依托内地机场来保卫柏林，日出动架次最多是苏军的1/20。据柏林市民回忆，苏军的空袭同美英的高空轰炸不同，轻型轰炸机和强击机飞行员不顾撞地的危险几乎擦着楼顶飞过，一面发出可怕的巨响，一面投掷炸弹或对防卫据点发射火箭弹，造成更强烈的震撼。4月29日，纳粹空军拼尽最后力气向柏林上空出动了346架次飞机，苏军的记录是空战中击落其46架，自损仅2架。这一悬殊战损比不一定很精确，不过城内苏军和德国人对头顶的观察却是一致的，那就是空中始终由涂着红星的飞机控制。此后德国空军再没有力量挣扎，德军代表在1945年5月7日和8日分别在西线和东线签署了投降书。

苏联空军战绩第一（击落62架）的飞行员阔日杜布在授奖式上同第588夜航轰炸团的女英雄握手的照片。

表现柏林战役时苏军图-2轰炸机在国会大厦上空飞行的画作。

不同战略思想造成各大国飞机生产重点不同

第二次世界大战作为机械化战争的最大战场，是以各国的工业实力作为武器的生产基础。工业强国和富国才打得起现代化空战，穷国和农业国进行空战要靠强国提供飞机和技术。

美国因在20世纪上半叶汽车和民航机产量占全球一大半而号称“汽车大国”“航空大国”；英国是一个衰落的大帝国，但毕竟“瘦死的骆驼比马大”；德国也是传统工业强国；苏联和日本的航空工业在战前不久才发展起来。相比之下，苏联的工业总量强于日本，却落后于德国；法国和意大利航空业不算强且国家后来都被他国占领；中国所用飞机全靠进口。战时世界上的作战飞机，主要由五个航空大国生产，其产量如下：

美国生产29.71万架；

苏联生产13.6万架；

英国生产12.52万架；

德国生产11.35万架；

日本生产6.9万架。

衡量空中实力不仅要看飞机产量，更要看质量，空军有大型飞机特别是重型轰炸机才具备战略打击能力。在美国战时生产的29万多架飞机中，有轰炸机6.45万架，居世界第一，其中四发（即四个发动机）机又占一半多。从造价看，美国最大的B-29轰炸机为63.9万美元，日本“零”式战斗机只需3万美元（当时为10万日元），苏联雅克-1单价不

英国皇家空军轰炸司令部研究如何轰炸的画面。

1944年6月，姗姗来迟的战斗型Me-262A第一次参战的画面。

足1万美元。美国战时生产近4000架B-29轰炸机的花费，就超过苏联全部飞机即13万架飞机的造价或日本战时6万多架飞机的造价。

在英国战时生产的12万多架飞机中，轰炸机有4.59万架，但多是轻中型轰炸机。英国生产飞机所需的钢、铝和许多航电设备是向美

美国油画《B-29出航》，这种重型轰炸机是第二次世界大战中最先进的轰炸机，以其大航程的特点用于轰炸日本，航程相对较短的B-17则以英国为基地轰炸德国。

国租借的物资，有些飞机还在加拿大等地生产，这就使皇家空军自1942年以后成了美军航空兵的帮手，战后又成了美国的“小伙伴”。

苏联战时所产的作战飞机中有轰炸机2.91万架，多属轻型。苏联生产单发强击机伊尔-2达3.61万架，这是第二次世界大战中单型号产量最大的飞机，表明苏联空军特别重视前线地面攻击。苏联空军的作用与德国空军相似，也主要起“飞行火炮”的作用，缺乏远程攻击能力。

德国在战时所研制、生产的飞机类号特别多，所产11万多架飞机中有3.4万架轰炸机，也有重型机。德国还生产了Me-262这种世界上最早的喷气式战斗机约1400架，还有一些怪异的新型机。日本在战争中挤压其他军工项目重点生产飞机，是各航空强国中唯一没有能力制造重型机的国家，其生产的1.45万架轰炸机全是轻型机，战斗机和一次性使用的“自杀机”成为主体。

纳粹德国迷信以“超人”和“超级武器”战胜“劣等民族”，在航空制造业追求标新立异，研制出许多新型装备，却因技术不成熟而毛病百出。如德国虽在战时率先研制和使用了喷气式战斗机Me-262型，但因仓促生产而故障太多，导致飞行员都不愿驾驶。德国还发展了一种Me-163单发单座火箭截击机，也因技术不成熟而战果不大。德国开发的飞机型号繁杂，既分散了科研力量，也影响了总产量。

苏联以举国体制保障军工生产，战前的弊病是只求数量而忽略质量。1941年下半年

德国在战争后期异想天开设计了Me-163火箭截击机，这是描绘戈林前来观看的画作。该机虽有些技术突破，但投入实战却作用不大，反而分散了科研资源。

波利卡波夫设计的U-2教练机（后为纪念他称为“波-2”），被德军蔑称为“胶合板飞机”，但因结构简单、费用廉价，在1928年后生产了3万多架。这是苏联用此机培训女飞行员的宣传画。

苏联丧失了一半的工业产能，航空工厂也因向东部搬迁而影响了生产。于是，苏联一面进口美国、英国的战斗机，在研制高质量战斗机的同时又因陋就简，大量生产人称“斧头砍出来的飞机”。这种做法恰恰是综合军事、经济、国防工业等因素而做出的正确选择。

苏联在战争初期丧失了大量产铝基地，年度铝产量降到6万吨，不到德国的1/4，又缺少足够生产全金属飞机的设备、技术和熟练工人。此时苏联仅对一些战斗机的骨架使用金属，而主要以木材作为机身材料，如雅克-1战斗机就主要由桦木制成，它在空中被击中燃烧坠落后都很难找到残骸。

苏军的木头战斗机自然不坚固，只能保障飞行200个小时，德国的金属战斗机则可飞行上千小时。不过苏军经计算，一架战斗机在空战中平均出击40次（即100个小时左右）就会损失掉，生产精密耐用的战斗机简直是浪费。苏联战斗机大多不带无线电等设备，开始时造价仅几千美元，在简易的木工厂也能生产，因此在工业基础较差时苏联仍能比德国生产更多的飞机。

苏联的木质战斗机在同德机对抗时，能勉强抗衡（当然损失量要大），消耗后还易于补充。1943年以后，苏联大量生产的拉-7和雅克-9基本已是全金属结构，在空战中已不逊于德国战斗机。指导理念的差异，使德国虽能生产出世界最先进的喷气式飞机和精良的战斗机，但制空权却被苏军夺去。

苏联生产武器的理念强调“便于生产的武器才是好武器”“简单就是好”，这让培训时间不多的飞行员也便于驾驶。苏军生产的伊尔-2强击机被德军称为“黑死神”，德国航空业专家认为其“简陋到极点”，但在实战中该机却很适用。双座的伊尔-2强击机以攻击坦克为主，本身就是一种“飞行坦克”。它的设计思想是首先保护好飞行员和油箱等关键部位，对飞行座舱、油箱和发动机等部位提高装甲的厚度，后机身却是木制的。

苏联和德国的飞机制造同坦克生产有相似之处，一方突出“群众武器”，一方重在“精英武器”。在大规模的持久战中，易于生产和掌握的武器自然容易压倒只强调精良而数量有限的武器。当然，随着科技发展和第二次世界大战后进入局部战争时代，发展飞机还是应注重精尖，不过强调适用的原则仍不能放弃。

简单易产的波-2教练机是号称“夜间女巫”苏军588团的装备，这是两位获“英雄英雄”称号的女飞行员在机前。该团执行过2.3万架次战斗任务。

第陆章

美军航空兵压倒日机
扭转太平洋战局

1941年12月，日军以舰载机袭击珍珠港获捷的消息传出，刚卸任首相的近卫文麿就在东京向周围的人叹息说：“真是干了件愚蠢的事，日本的失败是不可避免的！”美国的工业和科技水平远高于日本，因而自认为日军不敢向其挑战，这种麻痹思想导致遭遇突袭时美国受到惨重损失。不过日本上层知情者深知，自己的航空业、舰船制造业远逊于美国，靠一时号称“世界最灵活战斗机”的“零”式战斗机仅能取得短暂胜利，若持久作战就会被“惊醒的巨人”压倒。

日本油画《山本五十六最后时刻》。

日军靠“零”式一度逞凶西太平洋

日本自明治维新后就制定了“开拓万里波涛”的海外扩张政策，首先吞并了中国台湾、朝鲜，然后又发起大规模侵华战争，还在1936年与德国、意大利结盟妄图合伙瓜分世界。这种想从美国、英国口中“虎口夺食”的行动不可避免会引发战争。不过，在20世纪30年代末期，日本的经济总量只是美国的1/10，想摆开阵势决战或打持久战根本没有获胜的可能。联合舰队司令山本五十六大将等人认为唯一的办法是以航空母舰舰载机突然袭击美军舰队，摧毁其主力舰并使美国人意志沮丧，然后在对手承认自己称霸西太平洋的条件下迅速讲和。

由于有辽阔的太平洋阻隔，日军对美国发起攻击要靠航空母舰搭载飞机，因此日本长期以穷兵黩武的方式扩充航空兵。1940年，日本航空母舰的数量已不逊于美国，并通过此前同德国结盟引进其发动机技术，在这一年由三菱和中岛公司研制成“零”式战斗机，该机某些指标甚至超过德制Bf-109和美国当时最好的P-40战斗机。美国因长期有东、西两个大洋保障安全，在1939年以前军费不足国民总收入的2%（日本则达20%），新研制的一些作战飞机大都未定型，日本敢挑战美国的重要原因也在于此。

1940年研制成功的“零”式战斗机，随即成为日军陆海军航空兵的主力。该机定型时为昭和十五年即日本皇纪2600年，以其最后数字“0”被称为“零”式战斗机。“零”式战斗机由刚合成的超级铝合金（“50岚金属”）作机身，早期机型空重仅1680公斤，时速达533公里，低速格斗能力与转弯半径优于同期欧美战斗机，并装配2门20毫米机关炮及2挺7.7毫米口径机枪。不过因其设计突出灵活、大航程、强火力，导致牺牲了结构的强固和防护。

日本发展军备走了“重点主义”的畸形道路，在“零”式战斗机、航空母舰这类单项武器上一时赶上世界先进水平。1941年秋天，美国拥有7艘可用的航空母舰，日本海军名义上拥有10艘航空母舰，不过其中有4艘是难以搭载轰炸机的轻型航母，真正能够远航攻击的只有6艘。根据山本五十六的计划，这6艘航母全部被调来袭击珍珠港，搭载了430架舰载机，并由2艘战列舰、3艘巡洋舰掩护出航。此时日本海军航空兵得到的“零”式战斗机不过300架，只有250架装备作战部队，其中一半又装备了特遣舰队的6艘航母。

1941年12月7日清晨，天还未亮，日本在距离夏威夷320海里外的6艘航空母舰上开始起飞舰载机，一小时之内分两波升空350架。担任第一波攻击的183架飞机抵达美军太平洋舰队主要驻泊地珍珠港上空时，飞行员感到很惊喜，港内军舰整齐排列，天空中竟没有一架美国飞机。

原来这一天是星期日，美国水兵和飞行员大都放假离岗。日军以“零”式掩护舰载轰炸机，首先摧毁美军机场以防止飞机起飞，同时攻击港内的8艘战列舰。此时美军机场跑道上排列着的200多架飞机，在第一波攻击中便大部分被摧毁。作为太平洋舰队核心主

日军袭击珍珠港时以“九九”式俯冲轰炸机攻击美舰。

力的8艘战列舰都中了空投的鱼雷和炸弹，结果有5艘沉没、3艘受重创。

遭受意外突袭时，美军一些飞行员仓促做出反应，20分钟后就有5架P-40战斗机起飞，同日军12架飞机展开激战并击落其3架，接着又有一些战机跟随参战。不过，美机因多数遭炸毁，能起飞者太少，同高炮一起只击落了29架日机。从战史上作战形式的演进看，日军袭击珍珠港是海战的一种创新，也是空战的一种创举。不过从战略上看，日本在深陷中国战场时又开创太平洋新战场，主动挑战世界上实力最强的美国，等于自掘坟墓。

袭击珍珠港的同时，日军也以突袭的方式轰炸了驻守菲律宾的美军克拉克基地并炸毁了大部分战机，又摧毁了马来亚和新加坡的英军机场。丧失了制空权的驻菲美军退守两个要塞，14万英联邦军也在日军飞机和地面部队的联合打击下逃窜到新加坡。这两处的美英军因得不到空中和海上的救援，都投降当了俘虏。在缅甸方向，日本陆军航空兵空袭缅甸仰光，压倒了当地英军空军，随之掩护日军击败中国远征军并占领了全缅。

日本在太平洋战争开始后的半年间，就能征服西太平洋和东南亚广大地区，首先是依靠空中突袭掌握了制空权、制海权，保障了其40万地面部队四处疯狂进攻。不过其战线拉长后，本国航空实力不足的缺陷随之暴露，被轰炸惊醒的美国马上掀起了大造飞机的浪潮。

这幅美国油画表现了驻菲律宾克拉克基地的美军机场遭受突袭的场面，18架宝贵的B-17重型轰炸机在跑道上被炸毁。

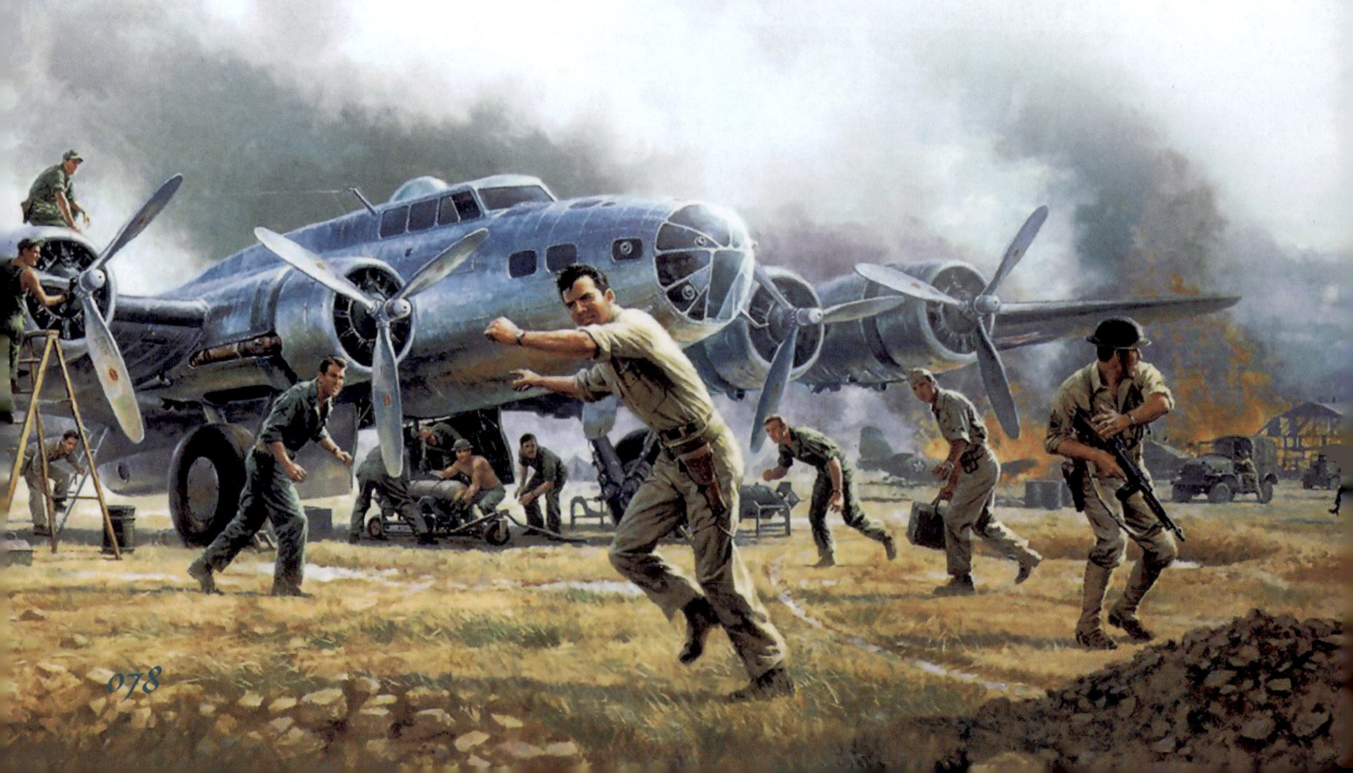

日军“九九”式俯冲轰炸机凌晨从航母上起飞袭击珍珠港的画面。

美军依靠雷达等技术优势很快扭转战局

珍珠港事件后，愤怒的罗斯福总统马上宣布美国要在1942年生产6.5万架飞机，在1943年生产12万架飞机！此时年产飞机不过1万架的日本听到后大感震惊。东洋高层都知道这不是吹牛，山本五十六就对下级说过“美国的烟筒比日本的树还多”。

被称为“工业之花”的飞机，是国家经济和科技水平的结晶，美国在此领域的优势稳居全球第一。美国对日宣战后，除大造飞机外，还开建24艘攻击型航空母舰，所定工期由过去的4年缩短到1.5年。日军由此决定，在美国的航母、飞机生产训练计划完成前就要攻占中途岛和珍珠港所在夏威夷等西太平洋要点，争取有利条件媾和或建立防御圈。

1942年5月上旬，日军进攻新几内亚东南的莫尔兹比港，派出最新建造的两艘航母（“翔鹤”号和“瑞鹤”号）及轻型航母“祥凤”号掩护舰队。美军派出“列克星敦”号和“约克城”号两艘航母前往拦截，在珊瑚海上空演出了一场F-4F“野猫”对“零”式的交锋。

美军飞行员过去有“零式恐惧症”，不过通过空战也掌握了对手的弱点，知道

这幅画表现的是日军袭击珍珠港的领队渊田美津雄中佐在“赤城”号航母上准备起飞的情景。此人指挥了两波袭击，要求第三波进攻的要求却被拒绝。

遭到美军“无畏”式俯冲轰炸机攻击的日本“加贺”号航母起火的画面。

“零”式虽在火力、灵活性上超过“野猫”，却因结构不强固不敢高速俯冲，自己一旦被咬尾后高速下冲就能甩掉它。由于美军飞行员毕竟缺少实战经验，日军飞行员多是老手，尤其是俯冲轰炸投弹命中率确实比美军高，因此美国3万多吨的“列克星敦”号航母被日机投下的鱼雷击沉，“约克城”号也被炸伤。日本只有轻型航母“祥凤”号被击沉，“翔鹤”号航母被两颗炸弹击中需回港修理。不过从飞机损失看，日机被击落105架，美机被击落81架，表现了美军飞行员的作战技艺已不低于对手。

1942年6月4日早晨，当日军的南云忠一中将率领“赤城”号、“加贺”号、“苍龙”号、“飞龙”号4艘日本精锐航母驶近中途岛时，马上遭到起飞的美军轰炸机攻击。在空战中，“零”式仍然能有效打退美军的战斗机和鱼雷轰炸机，不过作战中却出现一个空档。日机在空战后返回航母回油之际，云层上面的3个中队美军俯冲轰炸机突然钻出，直扑向“赤城”号、“加贺”号、“苍龙”号航母并投下炸弹，随之引爆了甲板上堆积的炸弹、鱼雷，这3艘航母瞬间都变成燃烧爆炸的火球。这次3分钟内的攻击，彻底改变了太平洋战局，日军仅剩的“飞龙”号航母起飞战机虽摧毁了美军航母“约克城”号，却也被美机集中力量炸沉。

日军的4艘主力航空母舰沉没后，山本五十六指挥的联合舰队失去空中掩护只好撤退。不过，日军在弃舰时优先将空勤人员转移到巡洋舰、驱逐舰上，因此此役只损失了110余名飞行员。保存下来的日本熟练飞行员，后来又在瓜岛及其附近的空战中消耗殆尽。

中途岛一战充分证明，现代海空交锋在很大程度上是科技竞赛。日军在中途岛拥有舰只数量优势，飞机性能也不差，飞行员也多是老手，遭到惨败的主要原因是美国舰队有雷达侦测手段。日军舰队未装配雷达，要靠出动飞机在空中搜寻目标，或靠舰上人员目测

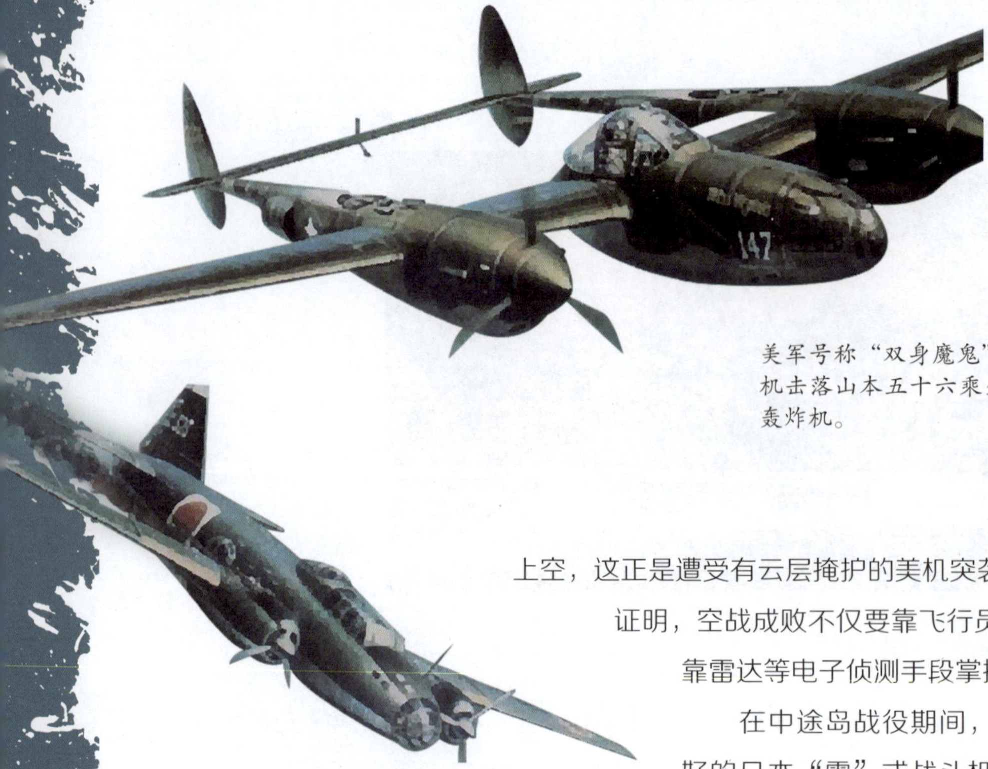

美军号称“双身魔鬼”的P-38远程战斗机击落山本五十六乘坐的“一”式陆攻轰炸机。

上空，这正是遭受有云层掩护的美机突袭的原因。这一战例证明，空战成败不仅要靠飞行员的格斗水平，更要靠雷达等电子侦测手段掌握信息优势。

在中途岛战役期间，美军还得到一架完好的日本“零”式战斗机。这架战斗机因发动机故障而在阿克丹岛迫降，飞行员将沼泽错看成平地，着陆时飞机倒翻陷入泥潭扭断了自己的脖子而身亡，全机却基本完好。美军将这个宝贵的缴获品运回国内做了一系列测试，发现“零”式战斗机虽有优点但也存在不少弱点。尤其是它的机身只是薄薄的一层铝壳，非常脆弱，内部还使用了一些木质架构，这成了很好的助燃物，而且其机身脆弱导致不敢加速俯冲。美机对付它的有效办法，就是避免近距离缠斗，进入射程就远距离开火，对方一旦中弹就成了美军飞行员嘲笑的“朗森打火机”（即“一打就着”）。美机如果被“零”式战斗机咬住，只要进行俯冲并打开加力就能迅速摆脱，并可绕回来再攻击它。

1942年8月，美军在南太平洋的瓜达尔卡纳尔岛登陆，标志着反攻开始。美军占领了岛上机场，接着以航空兵进驻，以飞机轰炸接近瓜岛上的日军舰船并拦截日机，就此掌握了周围几百公里的制空权。日军为夺回瓜岛，在半年内派出剩余的几艘航空母舰和多数水面大舰，同美军舰只在海上进行了持续舰载机交锋和炮战。由于美军始终占有空中优势，瓜岛上的日军因供应断绝死亡2万多人，残剩的病饥交加的1万多残兵逃走。

山本五十六此时仍不甘心，让航母舰载机转场到拉包尔等地的陆上机场作战。此时美军将一种有着双机身的P-38远程战斗机送到前线，此战斗机被日本人称为“双身魔鬼”，它的性能明显超过“零”式，数量又占优势，还在远程拦截时击落山本五十六的座机使其丧生。

从1942年8月至1943年秋天，美日两军的航空兵在瓜岛至拉包尔的所罗门海持续展开空中交锋，日军在此海域被击落击毁的飞机总计7096架，损失飞行员达7186名。相比之下，美军同期损失的飞行员不足日军的1/4，补充数却要高出许多倍。在空战中，日本飞行员生还率很低，除“零”式战斗机中弹便容易起火燃烧使一些飞行员来不及跳伞外，另一个原因是日军对大多数跳伞落海者没有能力搜救。美军在每次大规模空战时，都会事先派出潜艇、驱逐舰和水上飞机专门负责对跳伞落水飞行员进行救捞。

南太平洋的所罗门群岛海域，被日军航空兵称为“飞行员坟地”。日本国内没有油田，当时在中国东北还未发现后来的大庆油田，只有靠刚占领的荷属东印度（即印度尼西亚）和缅甸油田向国内运油，因油轮经常遭美军潜艇攻击，运量最高的1943年也达不到400万吨，只占美国石油产量的2%。当时美国培训新飞行员的标准是500个飞行小时，日本因缺油只有100多个小时，而且美军培训飞行员的数量又超过日本10倍多，双方航空兵实力相差日益悬殊。

这幅油画表现的是瓜岛亨德森机场上空美军F-4U战斗机驱赶“零”式战斗机的场面，当时美军在飞机性能上已占优势。

“火攻日本”导致东洋列岛生产半瘫痪

1944年6月，美军集中14艘航空母舰和900架舰载机，掩护大舰队向日军占据的塞班岛发起登陆战。日军集中9艘航空母舰及其搭载的400多架舰载机，同美军进行了最后一次舰载机海空大战。

此时美军新服役了F-6F“地狱猫”式舰载战斗机，其性能已绝对压倒日军还在使用的“零”式战斗机。战后美国人向幸存的日军飞行员询问“哪种盟军飞机最令你们恐惧”时，他们差不多都回答是“地狱猫”战斗机。

6月19日上午，日本航母上起飞200余架飞机扑向美军舰队。美军雷达在150海里距离上就发现来袭者，起飞300余架F-6F“地狱猫”实施拦截。美机竟然不到几分钟就打

在莱特湾大海战中，美军舰载机猛烈轰炸水面上的日军舰队的画面。

下近70架日机，空战最激烈时竟有近20架日机同时中弹起火，其残骸就如同燃烧着的火炬一样慢慢坠入大海。由于击落日机过于轻松，美国飞行员后来将这次空战称为“马里亚纳猎火鸡”。空战的第一天美军仅损失23架飞机，飞行员又大都从海中被捞救回来，日军却战损290余架飞机且飞行员随之沉海。这一战绩对比说明日本战斗机已根本不是美机的对手。

经过此次海战，日本的3艘航空母舰沉没，4艘航母和1艘战列舰遭重创。日本坠海的400多架舰载机还能补充，此役消耗的残剩的绝大多数舰载机的飞行员却再也培训不出来了，保存下来的航母多成了没人驾驶舰载机的“裸舰”。

1944年10月，日本见美军进攻菲律宾，又集中剩下的海军主力同美军进行了莱特海战，主要从岛上机场出动新生产的最后一款实用战斗机“疾风”式实施掩护。从性能指标看，“疾风”战斗机爬升灵活性很好，最大航速达689公里，仅略逊于美军最好的P-51“野马”式战斗机，超过了“地狱猫”战斗机，但实际使用效果却很差。此时日本政府以黔驴技穷的方式动员国内中小学生采摘松果，集中起来炼出“松节油”。一部分飞机使用这种劣质油后，飞行时发动机“啪啪”作响，航速既慢事故率又高，加上日军飞行员多是新手，起飞后他们多成了美军飞行“老油条”空中宰杀的对象。莱特海战以日本联合舰队被粉碎告终，日舰从此再难进行海战。

1944年内日本飞机产量达到创纪录的2.6万架，却没有多少油料培训飞行员。所产

表现1942年4月18日杜立特率队空袭东京的画作。

飞机很大一部分只能充当载单程燃料的“一次性使用”自杀机，无法防卫本土上空。从1944年6月起，美军开始从中国四川起飞B-29轰炸机突袭日本，从9月份起又改由距离更近的马里亚纳群岛起飞。起初美军的B-29为躲避日机拦截和高炮射击采取高空轰炸，对军工厂等目标投弹命中率很低，后来了解到日本的许多武器部件由居民区的小作坊生产，便采取了夜间大面积投掷燃烧弹的“火攻日本”战法。

1945年3月9日夜晚，美军325架B-29轰炸机每架携带7吨燃烧弹，以小编队多方向进入东京，并靠雷达指引轰炸。据老一代东京市民回忆，这个当时有500万人口的大城市在这天午夜遇到的恐怖程度不亚于关东大地震的灾难。空袭警报响起后，市民认为敌机在黑暗中投弹炸不中目标，大多留在家中，

表现美军B-29轰炸机在白天编队出击日本的油画。

这幅“火攻日本”的画作，表现B-29轰炸机在日本城市上空投掷燃烧弹引发地面大火的情景。

美军B-25轰炸机从“大黄蜂”号航母上起飞空袭东京的画面。

没有想到多达50万枚、总重2000吨的燃烧弹从空而降。恰好城内有强劲的西北风，城内形成“火爆”，许多街区温度高达上千度，受不了烘烤的人们只好扶老携幼奔逃，跑不动和被烟呛晕的人不断倒下。不少市民受不了炽热跳入市内河中，没想到河水也被烧得沸腾，第二天早上水面漂满了煮熟的尸体。

这幅油画是《“大黄蜂”号上的B-25》，飞机下的两人就是杜立特中校（前左）和哈尔西中将（右）。

3月10日天亮时，东京1/4的区域即40平方公里被烧成青烟缭绕的平地，刮大风时迷眼的不是沙子而是人的骨灰。估计当晚有10万人被烧死，还有10万人被烧伤，这一数字是战争史上轰炸造成人员伤亡最多的一次。

“三九大轰炸”次日，317架B-29轰炸机又夜袭名古屋，这个设有制造“零”式战斗机的三菱公司的城市中心区火焰腾飞。3月13日，日本第

日本人所绘的东京“三九大轰炸”的情景。画中表现的是城内出现大火爆和高温，居民只得逃到河里（事后因水沸腾导致这些人被煮熟）。

描绘B-29重型轰炸机夜间轰炸日本的画面，在B-29上方绘上日本单发战斗机属于艺术构思，事实上日本单发战斗机当时没有夜间拦截能力，只有双发的“屠龙”是唯一的夜间战斗机。

二大城市大阪也遭到300架B-29轰炸机轰炸，落下1700吨燃烧弹，约20平方公里市区被焚毁。3月16日，美军又火攻了神户，导致近半居民区被烧。对日本当局来说这算是“恶有恶报”，多数民众此时都心知战争已经打输。

此时日本军部自知难以进行正常空战，便采取“敢死冲撞攻击”，想达到“一机换一舰”的目的，因此征召了万余名飞行员组成自杀攻击的“神风队”。对“一次性使用”的自杀式飞行员，军部认为不值得耗费宝贵的油料训练，多数人只在教练机上飞了不足10小时，对操控飞机的复杂技术靠看教学电影片模仿。“特攻”机是一次性使用，部分使用淘汰的“零”式机，有些用木质教练机改成，燃油质量差，加上驾驶者技艺生疏，起飞后失事极多，尤其是遇到恶劣天气时，就会有许多“特攻队员”迷失方向而不知飞到哪里去了。

在1945年4~6月的冲绳作战中，日军一共出动了2393架“神风特攻”机。那些头系白布条的年轻飞行员以“一去不复返”的想法，实施了规模最大的自杀式攻击。由于美机拦截和舰上高炮火力密集，“神风特攻”机又很简陋，自杀式飞行员也多是不太熟悉驾驶技术的新手，因此战役期间真正撞上美舰的日机不过200余架。被撞中的美国舰只多是防空火力差的运输舰和登陆舰，日机一般无法接近火力强且防护严密的大舰，所以这种“特攻”只是给美军带来些麻烦而已。

日军“神风特攻”机撞击美军航母的画面。

表现美国B-29轰炸机向日本投掷原子弹的油画。

美国基本上以B-29轰炸机实施对日战略轰炸，9个月内投弹16万吨，其中10万吨是燃烧弹，共炸死日本平民40多万人（不包括原子弹的杀伤）。其造成的经济损失非常大，日本工厂大半停工，火车白天多不敢行驶，港口也被美机投下的水雷封锁，举国百姓缺衣少食。日本天皇的最后一线希望是请苏联出面调解，想改变投降要求，实现只退出所有占领地的“体面和平”。

1945年8月6日和8月9日，美国使用经过改装的B-29轰炸机向日本的广岛、长崎各投下一枚原子弹，开启了人类对核武器的使用。广岛当即死亡7万多人，长崎则死亡4万多人，在几个月内加上因伤和患原子病不治者，两城死亡将近20万人。

8月9日，苏联也对日本开战。在这种抵抗无望的形势下，日本裕仁天皇得到美国“不改变天皇制”的保证后，终于在8月14日通知盟国接受要日本无条件投降的《波茨坦公告》，8月15日又在电台上播放了《终战诏书》。日本此时还留存的713万军队包括陆海军航空兵都放下武器投降，第二次世界大战就此结束。

纵观日本侵略者的失败，是国际反法西斯联盟共同作战的结果，日本空中作战的失败是其走向覆亡的重要因素。经过大战，美国建成一支全球最强的空中力量，这又成了战后其自称要“领导世界”的本钱。

第柒章

朝鲜空战标志着进入喷气式战机时代

第二次世界大战结束后，航空强国进入以喷气式飞机交战的新时代，朝鲜战争中的空中交锋又成为迄今为止世界上规模最大的喷气式战机空战。新中国刚成立的空军在战争中“边打边建”，演出了一场古老国家的年轻空军与年轻国家的老牌空军相拼杀的壮观剧幕。苏联和美国都在朝鲜战场投入了最新式的战斗机进行实战较量，不过，国际战略形势的制约又使苏方进行的是对外秘而不宣的作战。这场空战具有时间有限、空间有限、战场有限、使用力量有限的局部战争特点。

人民空军白手起家，新中国成立后飞速发展

旧中国作为一个落后的农业国，自身没有生产飞机和独立建设空军的条件，北洋军阀和国民党当局靠外购飞机建立的航空力量同国外空军强国根本不成比例。代表着中国光明前途的共产党人，很早就渴望发展先进技术军种，1926年就派出一批党员到苏联学习飞机知识，其中的常乾坤、王弼、唐铎等人回国后，都成为建设人民空军的早期领导干部。1931年，红四方面军将缴获的一架飞机改名“列宁”号，在湖北黄安进行过第一次空中轰炸，后来因汽油供应不上只得将其掩埋。

1937年，中共中央抽调经过长征锻炼的一批干部到新疆航校，利用苏联提供的6架波-2教练机及后来提供的伊-15、伊－16战斗机，至1942年培训出20多名飞行员。随后这些人被国民党当局抓捕关押了近四年，获释回延安后成为建立人民空军的宝贵种子。

1931年中国工农红军第四方面军使用的缴获的飞机“列宁”号的照片。

抗战结束后，中国共产党人马上“抢东北”，利用日本遗留的航空器材和部分技术人员开办东北老航校，并派出新疆航校获释干部去当教员。面对物资极其匮乏的状况，航校采取以牛车当牵引车、以酒精代替汽油的简陋方法，在1946年以后的三年间培训出空中、地勤人员约500名，其中培训的飞行员如李汉、王海、赵宝桐等人又是中国空军在朝鲜参战的首批飞行员。1949年

军旅画家李长文的油画《人民空军党缔造》，表现了1949年2月东北航校负责人王弼等到西柏坡向毛泽东等中央领导汇报空军建设的规划。

军旅画家李长文的这幅油画，形象地表现了东北老航校艰难起步时的场景。

朝鲜空战的主角是美制F-86（前）和苏制米格-15（后），这幅美国油画描绘了两者在空中搏斗的场面——苏制米格-15正对美制F-86咬尾攻击。

8月，中共中央同苏联签订了购买飞机和聘请专家帮助建设空军的协定。同年秋，解放军紧急开办十几所航校以培训上千名飞行员，1950年6月建立了第一支航空兵部队——空军第4旅（后改称空4师），其装备还是苏联的拉-11型螺旋桨战斗机。

此时的世界航空强国，已开始进入喷气式飞机时代。1939年德国研制出世界上第一架喷气式飞机，1943年投产并参加了一些空战，航速虽高但性能却不稳定。战后美国对缴获的德国喷气式机进行改进，研制定型了第一种喷气式战斗机——F-80“流星”式战斗机，在此基础上又于1949年定型投产了F-86“佩刀”式战斗机。苏联的喷气式战斗机（后来我国译为歼击机）发展，同样是参照缴获的德国样机，再由本国科研创新。米高扬设计局战后遇到的最大困难是本国发动机工艺水平差，如1946年研制的米格-9的发动机功率就不足。1947年苏联得到略有“左”倾表现的英国工党政府的同意，引进了当时世界上最先进的英制斯佩发动机并仿制，于1949年研制成当时世界上性能最优良的战斗机米格-15。美国政府对此非常气愤，曾谴责英国此举是“通敌行为”。

F-86同米格-15这对冤家本是同根，却因战略指导思想不同导致性能不同。美军注重深入别国纵深作战，并要求战斗机为己方轰炸机长程护航，指标偏重于航程远、能长时间空战，航空武器强调小口径、高射速并携弹多。苏联强调国土防空，注重打重型轰炸机，对战斗机的航程要求不高，却要求航炮口径大，弹药够“一两次攻击”即可。美苏两种主要战斗机的性能对比，体现了不同的要求。

F-86时速1100公里，最大航程1800公里，装12.7毫米机枪6挺并配弹6000

发。米格-15时速1070公里，最大航程1200公里，装37毫米航炮1门、23毫米航炮2门并配弹240发。这两种飞机的空战性能各有优势，相遇时米格-15往往利用爬升快的优势抢占高度再攻击，F-86则一般下滑躲避，再利用转弯半径小的优势咬尾。米格-15因航程短、油料不足而力求短期速战速撤，F-86则反复纠缠。二者同属典型的第一代喷气式战斗机，在朝鲜战场上成为交战双方各自的空战主力。

1950年6月下旬朝鲜战争爆发后，因中国准备参战，苏联于是同意提供喷气式战斗机，但开始时其只肯提供行将淘汰的米格-9，中国方面指出这种飞机还不如美国的F-84，更不能对抗F-86。苏军顾问恼怒地说："你们竟然怀疑社会主义苏联生产的武器的优越性！"此事报到最高领导后，斯大林担心影响中苏关系，马上批评了苏方人员，并为此表示歉意，同意无偿提供372架米格-15。不过苏方人员提

表现米格-15（前）击落美国F-86战斗机的油画。当时中国和苏联的参战飞机都涂朝鲜军徽。

表现抗美援朝战争期间中国飞行员英勇奋战的画作。

苏军英雄飞行员阔日杜布少将（右二）在抗美援朝战争期间来中国传授经验时的照片。

出中方最好能将原先准备提供的米格-9也买下。考虑到苏方已有无偿赠送，加之米格-9在培训飞行员和防空中也有些用途，中国便以“搭配”的方式将其买回。

此前中国飞行员大都只在螺旋桨飞机上飞过一两百个小时，从无驾驶喷气式飞机的经验，也没有相应的教练机。新中国空军便打破常规，实行“边打边建”“边打边训”。按世界上训练喷气式飞机驾驶员的惯例，一般需要训练300个小时以上才能进行战斗飞行，在美国需要500个小时。新中国培训飞行员只好采取师傅带徒弟式的训练方法，由中国或苏联教员带飞50～60个小时，飞行员掌握了简单的驾驶技术后即行参战。当时新中国建设和使用空军也有一些特殊有利条件。全军选调的飞行员都在政治上经受过残酷的斗争考验，有许多是战斗英雄和功臣，他们在陆战中已养成了良好的战斗作风和不畏艰险的心理素质。另外，苏联空军协助中方作战并帮助培训，如击落过62架德国飞机的苏军头号王牌阔日杜布少将便长期驻在前沿机场，分批向中国飞行员传授空战经验。加上中苏空军作战机场在中国东北，美国出于政治考虑不敢越境轰炸，这样中苏空军就能在后方基地不受攻击的情况下起飞到朝鲜上空作战。

表现朝鲜人民军空军的苏制拉-9战斗机开战时击落美军F4-U的画作，不过美国参战几周后在天空中就看不到朝方飞机。

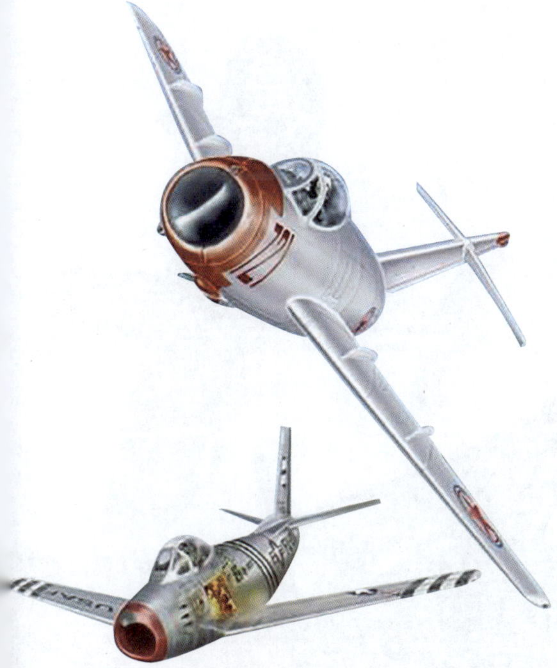

俄罗斯描绘朝鲜空战的画作，表现上面的米格-15已经把下面的F-86打得起火燃烧。

朝鲜空情复杂，出现“中国人民志愿军俄罗斯族”

抗美援朝战争期间的空中作战，参加国众多。在中朝军队一方，实际上是中、苏、朝三方的航空兵联合参战。在“联合国军”一方，美国海军航空兵一直充当着基本角色，不过也有英国、澳大利亚、加拿大和土耳其等盟国的少量飞机参战。

朝鲜战争爆发前，在苏军的帮助下朝鲜人民军已建立了一支空军，拥有雅克-9、拉-7战斗机约70架，伊尔-10强击机62架，但它们都是落后于喷气式飞机的螺旋桨飞机。战争爆发后，朝鲜人民军空军曾在大田等地击落过多架美军轰炸机，却因飞机老旧和数量太少，一个月后即在战场上空基本消失。后来人民军空军剩余的几架飞机及空地勤人员都撤往中国东北机场，在苏联的援助下重新装备，战争后期又有了一些战斗力。

志愿军反攻进逼“三八线”后，朝鲜人民军空军以苏制波-2、雅克-18轻型螺旋桨飞机进驻朝鲜北部隐蔽点，于夜间通过公路、运动场改造的简易跑道起飞，重点袭击金浦、水原等主要机场，还轰炸过汉城的韩方国防部大楼。美军的F-86刚刚运到朝鲜还未参战，就在机场上被炸毁1架，一时美军深感震惊。他们知道朝鲜的所有机场早被炸毁，搞不清这种航程很短的老式飞机是从何处起飞。美军最感头痛的是苏联卫国战争中被女飞行员广泛用于夜袭的波-2教练机，它虽然只能带2枚50公斤的小炸弹，时速仅140公里，却因飞行高度低往往能躲过雷

由朝鲜人民军飞行员驾驶的简陋的波-2教练机在夜袭时与美军F-4U“海盗”战斗机遭遇的画面。因二者时速相差太大，美机很难打中波-2。

军旅画家李明峰的油画《铁血冲撞——1950年冬》，表现了志愿军在朝鲜战场上面对美军地空联合攻击浴血奋战的场面。

达。美国夜间战斗机也最难击中它，因其自身航速比对手快几倍，想咬尾攻击时必须降到快要失速的地步，要冒失控坠落或者相撞的危险。对于这些夜间几乎贴着树梢来袭的飞机，美军恼怒之余将其称为“查铺查理”。直至1953年停战前，美军配备了夜航设备的低速螺旋桨战斗机通过反复在汉城附近的金浦、水原等机场上空设伏，才击落了几架来袭飞机。这种零星夜袭战果不大，却对美军航空兵产生了严重的精神威胁，其作战飞机一般白天降落在韩国机场加油，天黑前大都飞回冲绳和日本本土的基地过夜。此事证明老式飞机只要使用得当，在现代战争中仍能发挥新式飞机起不到的作用。

新中国入朝作战时，是采用“志愿军”的名义，解放军空军参战部队开始在东北空军的编制之内，后来经指战员向中央要求得到“志愿军”这一光荣称号。因这些部队的基地都在中国东北境内，所以他们被人们在内部戏称为“抗美援朝不过江的志愿军”。当然，他们的飞机作战时还是要进入朝鲜上空，参加世界战史上规模最大的喷气式战机大拼杀。苏联因担心同美国正式开战，起初答应派出空军掩护志愿军入朝部队，但在中国出兵的关键时刻又反悔。看到中方义无反顾地抗击美军，苏联在1950年11月也开始派战机保

中国首位击落美机的飞行员李汉（左）同苏联教官在一起的照片。

参加朝鲜空战的苏军穿中国人民解放军的军装，对外称“中国人民志愿军俄罗斯族”。

护鸭绿江渡口，但进入朝鲜上空的纵深却很浅。1951年1月中旬，斯大林勉强同意以两个航空兵师在空中前出鸭绿江以南百余公里处的清川江一线作战，但又害怕其飞机被击落坠海造成飞行员被俘，因此要求空战时一定不要出海。这些规定导致苏联飞行员缩手缩脚，在空中格斗时总要留神看地面。美国飞行员后来也发现了这一点，在空战中只要感到形势不利便向海边飞。

在朝鲜战场监听空战喊话的美军无线电接收机中，经常可以听到有俄语在相互呼叫，鸭绿江右岸的志愿军机场上也经常能看见一些黄发碧眼却穿着中国军装的人。当年的解释是，这些人种明显不同的军人是“中国人民志愿军俄罗斯族”。由于中国是多民族国家，50多个民族中也有俄罗斯族，如此解释也能说得通。美国明知苏联空军参战却不公开，是因为怕国会知道此事要求政府对苏联宣战，而此刻美军也未准备好打大仗。直至1989年苏联实行“公开化”运动时，才承认当年派空军以中国的东北为基地进入朝鲜上空参战。

据俄罗斯公布的档案资料，参加朝鲜空战的苏军指挥机构一直是第64航空军司令部，前后有12个航空兵师，空地勤人员共约7万人轮流加入，一线作战飞机一般保持在500架左右，其规模与志愿军空军差不多。苏军共参加空战1872次，这只相当于志愿军空军参战次数的40%，按当时苏联实力而论规模很有限，说明苏军与美军发生冲突还是很谨慎的。苏联档案中对战果的统计却很高，声称击落了1106架敌机，其中F-86战斗机650架。苏联自己的损失是共被击落335架，整个战损对比为3：1，其中米格-15与F-86的损失比为1：2。当时苏军飞行员的技术水平的确高于中国飞行员，但空战的成果高出中国空军如此之多却令人难以置信，特别是在朝鲜被击落的三位最有名的美军王牌飞行员经确认都属中国飞行员的战绩。苏方空战的战果统计过高，一个重要原因是其不像志愿军那样能进行地面核实，只凭观察和照相枪来判读往往不准。

新中国打出数量居世界第三位的强大空军

1950年10月志愿军入朝时，中国空军只有3个旅（11月间旅改称师）完成训练，能作战的战斗机不过150架，飞行员也没作战经验。毛泽东就此指示空军“采取稳当的办法为好”。空军决定先从小仗打起，让部队揭开空战之谜，先随同苏军进行实战锻炼再自己独立作战，毛泽东也要求“一鸣即可，不必惊人”。

1951年1月21日，中国空军第4师在鸭绿江上空首次同美国空军交战，大队长李汉驾驶米格-15击伤F-84战斗机1架；1月29日他在空战中又击落和击伤F-84战斗机各1架，在空军中首创击落敌机的纪录。

多年后，李汉谈起首次空战的体会时还说，当时自己缺乏经验，无法按惯例对美机“咬尾”攻击，只好拿出陆战经验不惜“空中拼刺刀”，不敢相撞而冲到近前开火。被击落的美国飞行员在被审讯时也说：“我被击落后就反复想，中共空军采取的是什么战术？后来终于想明白了，原来中共空军根本没有战术！”

靠勇猛固然重要，真正掌握空战技术才能有效歼敌。中国空军开始的攻击目标主要是离散的单机，并且是性能不如米格-15的F-84和F-80战斗机。经过九个月的初战锻炼，中国空军基本达到了由不会作战到学会作战的要求。初战之中也暴露出许多弱点，最突出的是技术水平低、飞行事故多，编队飞行时常保持不住队形，有时还出现机翼互相碰撞的情况。

1951年9月，中国空军经过紧张训练已有9个驱逐师（即歼击机师）和2个轰炸师可以参战。9月4日，空4师和苏军一起进行了由双方200多架飞机参加的激烈空战，飞行员刘涌新击落美国最新式的F-86战斗机1架，在中国空军中首开击落这种新型敌机的纪录。同年10月2日，毛泽东看到空4师的战报后，马上写下了“空四师奋勇作战，甚好甚慰”的批语。11月间，空2师、空3师和空14师转入第一线作战。空3师在86天中击落、击伤美机64架，毛泽东看到战报后批示：“向空军第三师致祝贺。”随后，空军根据苏军飞机掩护我机的经验，由本军有经验的空军师掩护新参战的各师，分批进行实战锻炼。同年11月6日和11月30日，空8师还出动图-2轰炸机两次轰炸了大和岛上的敌军，这是人民空军第一次执行轰炸任务。在后一次出航途中，图-2轰炸机和护航的拉-11驱逐机还与前来拦截的美军F-86战斗机展开空中格斗，击落美机3架，首创世界空战史上以活塞式轰炸机击落喷气式战斗机的先例。中苏空军在朝鲜西北角的作战，使美机在这一带的白天活动受到严

美国油画《被击落的F—86》，表现了一架美机中弹后迫降在海滩上，中美双方为抢夺它又在头顶展开空战的场面。

孙浩、张建岗的油画《轰炸大和岛》，表现了中国空军的图-2轰炸机在朝鲜战场首次出动轰炸敌军的场面。

重打击，美军于是将这一地区称为“米格走廊”。美国空军参谋长范登堡于1951年11月21日在记者招待会上感叹说：“中国几乎在一夜之间就变成了世界上主要的空军强国之一。”

抗美援朝空战，锻炼出新中国第一批有着史诗般经历的英雄飞行员。空4师和空3师最老的一批飞行员出身于东北航校，入朝前改装米格-15飞机时，有的人只有20个小时的飞行训练。那些在参战前才开始突击学习航空知识的飞行员们，也在战争后期迅速成长了起来。在战争中，志愿军空军涌现出一大批英雄和功臣模范。空3师的大队长王海带领全大队团结战斗，共击落和击伤敌机29架，被誉为“英雄的王海大队”。

王海在空战中击落的一架美国F-86战斗机，其飞行员是加布里埃尔，他在跳伞时看清了对手的飞机编号，被美军救回后不久又了解到它的驾驶者。1985年，加布里埃尔上将以美国空军参谋长的身份访华，不仅会见了时任中国空军司令员的王海，还专门到军事博物馆看了那架击落自己的涂了九颗红星的米格-15。在会见时他说道：“我是被你打下来的！”王海马上半开玩笑地回答说：“你要是再飞来，我还会把你打下来！”

根据中苏空军的实战体验，美国航空兵确实是技术精湛、实力雄厚的对手，空战中最凶刁的对手是美国空军第51联队的第51大队，它集中了美国空军中的飞行尖子，他们大都有2000多个飞行小时的经历，当时志愿军空军将其称为“土匪队”。不过，这个大队的头号王牌、据称有16架击落纪录的麦康内尔上尉也被对手击落，幸亏他跳伞落于海上，6分钟后即被直升机救起。后来对照双方的参战记录核实，击落麦康内尔的正是中国空军第15师的飞行员、二级英雄蒋道平。被美军认为是第五号王牌的飞行员戴维斯少校，于1952年2月10日在空战中被击落身亡，击落他的飞行员正是著名的志愿军空4师的一级英雄张积慧。三天后远东美军司令威兰就公布了这一消息并称：“我们是在空战中同一个厉害而熟练的敌人作战。”这一消息此后在国际上广为传播，击落他的英雄张积慧也驰名全中国。另外一位美军的“双料王牌”（击落过10架飞机）飞行员费席尔于1953年4月7日偷袭志愿军返场飞机时，被空15师飞行员、二级英雄韩德彩击落。此人由于进入中国领空被击落俘虏，曾不被承认是朝鲜战争中的战俘，被扣留至1955年。2002年，费席尔访华会见击落他的韩德彩时，作者陪同参加。据费席尔讲，他小时候出身很苦，读过

1985年中国空军王海司令员（右）会见当年被他击落的时任美国空军参谋长的加布里埃尔。

本书作者徐焰（中）同志愿军二级英雄韩德彩（右）及被韩德彩击落的美国“双料王牌”飞行员费席尔一起谈朝鲜空战（2002年摄）。

斯诺写的《西行漫记》后对中国革命充满同情，他并不愿意同中国人作战，但是军人不能不服从命令。

据中国空军统计，战时共有672名飞行员和5.9万名地勤人员参加了实战锻炼。战斗出动2.46万架次飞机，空战中击落敌机330架，自身被击落231架。中方击落数由地面志愿军核实，应该说准确度较高。

美国在朝鲜战争后公布的战时自身飞机完全损失（坠落）数为1986架，却称只有175架在空战中被击落，这一数字与中、苏、朝三军统计的空战击落数相差太大。1992年我在美国做访问学者时，曾向美国老军人查询过统计的差异问题。按他们解释，美方宣布的本军被击落的飞机都是由其空战时的飞行员目睹，大量未返的“失踪”飞机因无法判明是否损失于空战、高炮射击或事故，故未列入统计。如此看来，中方宣布击落的美机数并没有虚夸。

在朝鲜战争中，美国航空兵战斗出动了90万架次（超过中、苏、朝空军出动总架次的20倍）飞机，在空中投弹69万吨，相当于第二次世界大战时空袭日本投弹量的4倍多，创造了当时火力攻击密集程度的世界纪录（这一数字后来在越战时又被超过）。当时从表面上看，朝鲜战争中双方的主要战斗机米格-15和F-86在性能方面基本相当，然而空战远远不是靠这一单项指标来决定，而取决于飞行格斗技术、多种设备保障、供应能力、后备力量补充等多方面的因素。从综合空中力量来看，美军一直占有数量和供应补充的绝对优势，这就决定了其能一直掌握战场上的制空权。《美国空军史》对其在朝鲜战争中的航空兵作用也有这样一个估价——“强大的空中力量虽然没有能帮助我们打赢这场战争，但是却防止了输掉这场战争。”

经过抗美援朝战争，新中国空军几乎是白手起家，从无到有，取得了举世瞩目的成就。在战争中虽然没有能夺取战场制空权，却保卫了后方交通线和一些重点目标，在朝鲜西海岸的铁路、公路运输动脉上空建立起“米格走廊”。从1950年秋天到1953年秋天仅三年时间，人民解放军空军由只有1个航空兵师、几十架作战飞机，发展到拥有23个航空兵师，近3000架飞机，从数量看仅次于美苏，超过了大裁军后的英国和重建空军的法国，跃居世界空军第三位，而且战斗机的性能和空战水平也居于国际前列。

在中国空军得到飞跃发展时，周恩来总理冷静地指出，虽然我们的飞机数量超过英国居世界第三，但是英国能自己制造飞机，而我们的飞机全是苏联提供的。没有国防工业的国家，只是一个“软骨动物”。抗美援朝战争期间，中国就在沈阳建立了飞机制造厂，战后又在苏联的援助下很快建立起完整配套的航空工业体系，随后走向依靠本国努力独立自主发展空军之路。

解放军空军年轻女画家周末所绘的油画《首批入朝飞行员》，表现中国空军参加抗美援朝战争时的情形。

第捌章

战机交锋进入空对空导弹时代

从1914年第一次世界大战开始至朝鲜战争结束的近四十年间，空战都是靠飞行人员操纵机枪或航炮相互射击。不过在第二次世界大战末期就有人追求发展一种能在空中精确制导的攻击飞机的武器，即空对空导弹，纳粹德国最早对此进行研制却未及定型便战败。战后，美国和苏联竞相发展这一空战新武器，在1958年中国台湾海峡的空战中被首次使用。随后在越南战争中美军航空兵将导弹当成主要空战武器，效果虽不理想，但却显示了世界空战的新趋势。

台湾方面绘制的以F-86战斗机发射“响尾蛇”导弹击落解放军战机的油画。

台湾国民党空军首次使用空对空导弹

自中国的解放战争在大陆取得胜利和国民党军逃往台湾后，美国在1950年派出空军第13航空队进驻中国台湾这一宝岛实施所谓的“协防”，1954年以后美国提供F-86战斗机作为国民党空军主力，供其袭扰大陆。驻台美军在1957年夏季以后开始换装第一代喷气式战斗机中航速最快的F-100，不过美国因在朝鲜战场尝过新中国军队的厉害，一直顾忌直接同解放军作战，因而只防卫台湾而不向大陆上空出击。

1958年7月，解放军空军进驻福建并夺取制空权，国民党军战斗机在空战中连连败于米格-17歼击机（中国的依造型为歼-5），美国政府决定于8月中旬将40枚“响尾蛇”空对空导弹运抵台湾。该型导弹是世界上第一款能用于实战的空对空导弹，于1953年试验发射成功，1956年开始少量装备美军。其早期型导弹重91公斤，射速为音速的2.5倍（基本与机枪相当），攻击距离为6000米（这比航炮和机枪远2～3倍）。它最重要的特点是由红外线制导，导弹发射后由导引头追踪飞机喷发出的红外线波飞行，在一定锥角内发射时有较高的命中率，而且其装药后能保证一枚即炸毁整架飞机。不过它也有弱点，就是射手想命中目标必须咬住对方飞机的尾部并形成一定的锥角，射出后对方飞机如突然做大幅度转弯就会将其甩掉。

美军运往台湾的“响尾蛇”空对空导弹原想装配自己的战斗机，随后白宫决定向国民党空军提供以改变其空战颓势，并让这一新武器能有空战检验的机会，于是便于9月10日在台北的桃园机场将其正式交付给国民党空军。台湾的国民党空军方的20架F-86战斗机装上这一新式武器后，只进行了两周操作训练便参战了。

此时在台湾海峡的空战中，解放军占有战机数量优势，米格-17的性能也略优于F-86，另外，解放军的飞行员大都经历过朝鲜战场的空战，而国民党的空军只有极少数老飞行员经历过对日空战的锻炼，其余均未经实战锻炼，在空战技能上明显居劣势。不过，因国民党空军有美军在台湾的F-100作为后盾，米格-17的性能已落后于它。解放军空军因此要求只在海峡的大陆一侧防御，而不出海作战。

9月24日，国民党空军出动24架F-86战斗机飞入浙江温州地区上空，解放军海军航空兵第2师的值班歼击机起飞迎击，双方以同等数量的战机展开空战。当时解放军航空兵不知道国民党军飞机携带了“响尾蛇”空对空导弹，快速接敌导致双方机群近距离格斗，国民党空军很难找到发射的机会。在激战中，解放军的3号机掉队，被国民党空军12架飞机包围，飞行员王自重英勇奋战，击落国民党军飞机2架，他自己的飞机尾部也被敌机咬住，遭“响尾蛇”导弹击落并当场牺牲，成为世界空战史上第一位阵亡于空对空导弹的飞行员。

在温州的空战中，解放军虽损失飞机1架（台湾方面极力夸大吹嘘其战果，以致说法自相矛盾，有7架至14架的多种说法），却了解到“响尾蛇”空对空导弹的特点并收获了

世界上第一种投入实战应用的空对空导弹——美国的“响尾蛇”空对空导弹的照片。

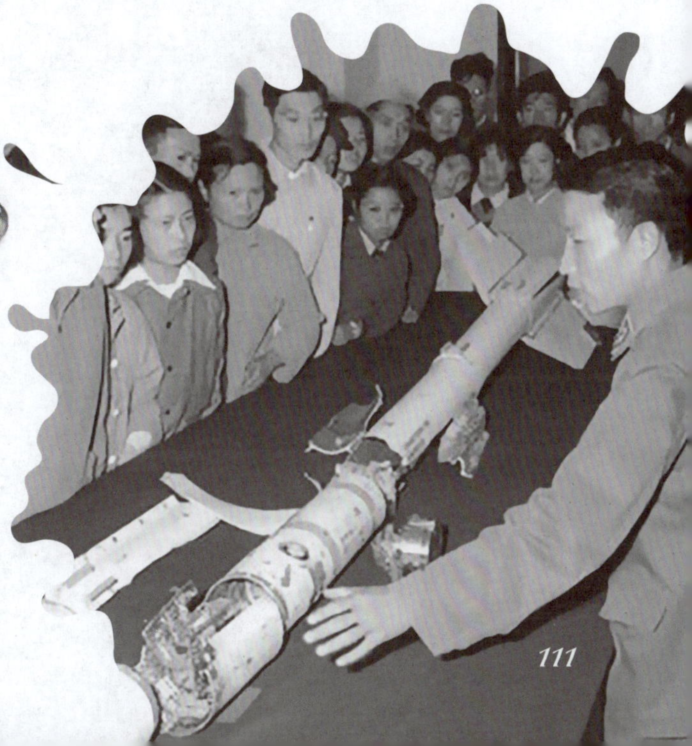

1958年中国军民拾到的AIM-9B“响尾蛇”空对空导弹的照片。

宝贵的样品。国民党空军发射的“响尾蛇”空对空导弹有多枚在空中未命中而坠地，其中一枚未爆炸且几乎完好无损地被当地军民找到。通过总结实战经验和研究实物，解放军很快发现这种导弹红外线热寻的灵敏度并不高，又没有敌我识别系统，对射击锥角要求也很窄，如在空战中留心注意防范，特别是充分发挥解放军善于近战的特长就能避免损失。果然，在以后的空战中，国民党军飞机一再发射“响尾蛇”导弹，却再也没有击落过解放军的飞机。

进入1959年以后，金门炮击只带有象征性，国民党空军的活动范围退到福建、浙江海岸外侧，两岸只有零星的空中交锋。当时解放军空军要努力提升作战力量，但中国的科研能力差，于是便将拾到的“响尾蛇”空对空导弹交给苏联作为重要科研参考物。苏军对此导弹十分欣赏，以此仿照生产出K-13空对空导弹并装配米格-21战斗机，于1962年将其提供给中国。中方以此仿制发展了霹雳-2型空对空导弹，此后多年间其成为空战的重要装备。

“响尾蛇”空对空导弹的首次亮相威力并不算大，而且暴露了缺陷，因而当时各国空军还主要依赖机炮、机枪。不过当时世界各强国的空军已在传统战法与现代空战之间开始探索，对航炮交锋的传统战术已明显感到不足，但对新技术还没有找到好的使用办法。空对空导弹登场后表现出广阔的发展前途，它的参战开启了空战的新时代。

越南人民军装备的米格-21战斗机出击的画面，可看出其下挂K-13空对空导弹，不过其主要靠航炮作战。其航程不大，机载设备较简单，主要靠地面引导进行拦截空战。

印度空军的苏制米格-21（前）同巴基斯坦空军的歼-6在空中较量的画面。

美机废航炮专用导弹反使自己陷入被动

国民党军使用“响尾蛇”空对空导弹虽只有1架击落战果，却以一贯的吹嘘作风夸大击落数，中国的新闻报道又只说有飞机被空对空导弹击落而未讲架数，这也对美军产生了一些误导。美国航空界在20世纪60年代初的主流观点是空对空导弹能够代替航炮，此时推出的第二代喷气式战斗机片面吸取了朝鲜空战的经验，侧重于高航速，机动性和近距离格斗能力倒有所不足。1962年以后生产的主力战斗机F-4“鬼怪”式就不安装航炮和机枪，只挂4枚空对空导弹。当时美军空军许多负责人和飞行员曾抱怨说，采取如此超前的做法，若导弹打不中或一下打完，再遇敌机就只能高速逃离，而不能持续空战。

当时美军还向自己的盟国出售了一批空对空导弹，想以此在空战中再检验效果，巴基斯坦也得到一批“响尾蛇”空对空导弹。1965年9月第二次印巴战争发生时，印度空军的战机数量占据绝对优势，还有性能高于巴方F-86的苏联出口的第二代喷气式战斗机米格-21，但却靠航炮作战。巴军在空战中靠较高的作战技巧和发射空对空导弹连连取得胜利，还一度夺取了空中优势。

在一次空战中，巴方2架美制F-86战斗机挂8枚“响尾蛇”空对空导弹出击，遇到印军性能与之相当的英制“猎人”式战斗机。印机因害怕导弹攻击掉头逃跑，正好其尾部形成巴机追击时最好的攻击角度。巴方飞行员发射第一批2枚导弹时，虽未击中目标，却看到1架印机向下滑行，巴方飞行员感到奇怪便追到旁边一看，当场大吃一惊——印军机舱盖已飞掉，座舱内也没有人，显然是飞行员因恐惧而弃机跳了伞。

巴军见印军如此惊恐，顿时勇气大振，追击中连发剩下的6枚“响尾蛇”导弹，击落印机4架，印军只剩1架逃回。此战之后，美国为拉拢印度不向巴基斯坦出售武器，巴军从此主要依靠中国提供仿米格-19的歼-6战斗机作为主要空军装备，印度空军则主要装备苏制的米格-21战斗机。

巴基斯坦空军使用“响尾蛇”导弹的战果不错，主要还是因为印度飞行员怯战和战术动作呆板。美军装备了更好的“麻雀”型空对空导弹后，在越南战争初期的作战效果却不佳，这使军界对空对空导弹的作用一时产生了怀疑。

1961年以后，美国为对付越南北方（北越），阻止其支持越南南方（南越）的民族解放阵线，派出军事顾问和部分空军进入南越进行“特种战争”。1965年春，因看到南越政权岌岌可危，美国地面部队大批进入南

印度空军装备的英国“猎人”式战斗机的油画。

表现越战期间美机轰炸北越的油画，当时美军的主要攻击目标是桥梁，目的是切断向南方运输之路。

越对越南人民军和游击队作战，并以空军和海军航空兵大举轰炸北越，进行了代号“滚雷行动”的为时三年的空中攻击。美军除了将B-52这种重型轰炸机作为投弹主力外，还使用了新研制的F-105和F-4等第二代喷气式战斗机。

美军轰炸北越时，根本未把刚成立的越南人民军空军的抵抗能力计算在内。他们没有想到，这批主要由中国培训出来的越南飞行员居然有很高的作战技巧，第一次空战就让美军吃了亏。

越南人民军在1954年结束抗法战争时，只有中国帮助其建立地面部队，战后其又向中苏两国提出帮助建立空军的要求并得到中苏两国同意。1956年3月，选拔出来的110名越南学员被派往国外学飞行，其中80名前往中国、30名前往苏联。

表现越战中美军步兵作战靠空中支援的画面，当时美国军方已强调“空地一体”。

越南战争中美军地面部队主要靠直升机运送以机动作战。

喷气式战斗机时代培训飞行员的花费很大，将油料消耗、飞机磨损和其他设备费相加，培养一名合格飞行员所花的钱等同于他们体重的黄金，为此有人称他们是“金子造的”。当年中国经济很困难，仍无偿帮助越南培训飞行员及其他机务保障人员。当时越南更穷，一个将军的月工资仅相当于人民币几十元，越南学员都是空手而来，吃、穿、用乃至毛巾、牙刷全由中方供给。

对这些越南飞行学员，中国派出参加过朝鲜战争有经验的飞行员手把手地教他们如何飞行和空战。培训期间，越南国防部部长武元甲大将曾来华视察，他诚恳地表示感激地说：“越南政府和军队感谢中国同志的国际主义援助，没有中国兄弟的帮助，我们是建不起空军的。”

在华的越南飞行员陆续回国后，于1963年10月间成立了空军，此后越南还派新学员来华。越军又在云南的中国空军基地内建立了后备基地，备用飞机及空军人员在那里待命和训练。中国还帮助越南建立高炮和雷达等防空部队，并提供自身作战经验以供其借鉴。1964年，越南北方防空网初步建成，有20座防空预警雷达、1500门防空高炮，建成了2座可供喷气式飞机起降的机场，2月间建立了第一个航空团（第921团）并装备了36架米格-17战斗机。

表现美军F-105“雷公”式战机在越南执行轰炸任务的画面。

中国的抗美援越宣传画，表现了以高炮对抗美机的场面。当时中国的援越部队均着越南军装。

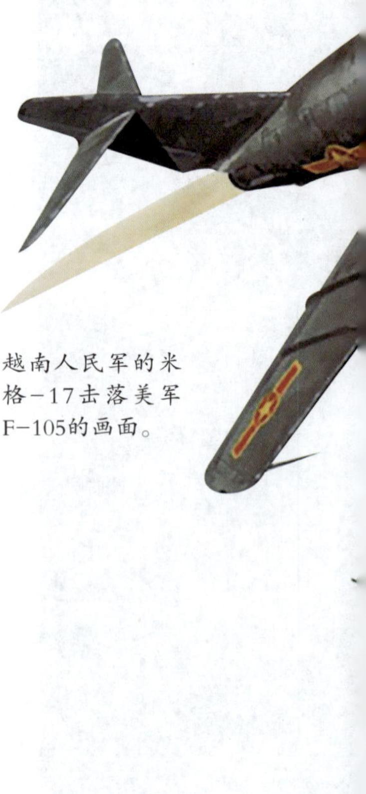

越南人民军的米格-17击落美军F-105的画面。

美国从第二次世界大战起就有世界无双的空中力量，截至1965年，海空军拥有各种飞机3万多架，部署在越南周边的固定翼飞机达2000余架，包括6～7艘航空母舰上的舰载机。在水网密布的南越，美军地面部队靠装甲车辆行动不便，便投入了2000架直升机，作战时主要以此运兵并实施“垂直包围攻击”，因此这场战争也被称为“直升机战争”。

对比越南战争交战双方的实力时，还不能忽略中国和苏联。当时中国为援助越南抗美，调动了近千架作战飞机部署在中越边界的中国一侧和海南岛。苏联也在1965年以后加大援助，提供米格-21战斗机和萨姆-2防空导弹。这些外来因素，是越南抗击美国不可或缺的助力。

代号“滚雷行动”的轰炸北越的行动开始后，美国空军于1965年4月3日在越南发动了第一次空战，结果2架F-8“十字军”式舰载喷气式战斗机被米格-17击落，但美机却未击落对方，越南就此将这一天定为“空军日”。起初美军担负主要对地攻击任务的是F-105“雷公”式战斗轰炸机。F-105已属战后第二代喷气式飞机，还能兼顾空战。4月3日，美军出动48架F-105编队轰炸越南的交通中枢，同时以空军的F-100执行“米格猎杀巡逻”。尽管有重重护卫，但美军仍有2架F-105被2架米格-17轻易击落，越方无飞机损失。

空战出现这种战果，让美军大为震惊。F-105航速达音速的2倍，又挂空对空导弹，米格-17则是第一代的亚音速喷气式飞机，只能用航炮作战，从性能指标看双方相差悬殊。美军通过总结经验发现，越南地面雷达能有效监视美机并指挥己方飞机，米格-17攻击时正选择了F-105满挂弹接近目标前，此刻其航速比较慢。美机遭攻击时虽马上扔掉机载炸弹以减轻重量，再用导弹攻击越机，但越军飞机却根据中国传授的经验迅速靠近，使导弹发射找不到好的发射角而无一命中，自己却用机上航炮近战，迫使未被击落的F-105打开马力逃回。

“雷公”出战不利，美军又让“鬼怪”充当主力。F-4“鬼怪”式战斗机是越南战争期间美国性能最好的战斗机，出击时除载弹外还挂4枚射程可达30公里以上的“麻雀”式大型导弹，用机载雷达引导发射。越军此时还以米格-17与之格斗，有些战斗机在目视看到“鬼怪”前就被空对空导弹打掉，不过也有些战斗

美军F-8“十字军”舰载喷气式战斗机从航空母舰上起飞空袭越南的画面，该型机最早在空战中被越军的米格-17击落。

越南空战是空战史上的一个转折点，战争后期导弹开始取代传统的机炮、机枪成为主要武器 。画中表现的是美军“鬼怪”式战斗机以导弹击落米格-17战斗机。

机冲到近距离用航炮与之交锋，没有配备航炮的F-4反而显得没有办法。

从1966年1月起，苏联向越南提供米格-21战斗机，此战斗机经训练后在翌年参战。它属于轻型机，造价在“鬼怪”的1/5以下，其航程近，不过最大航速也能达音速的2倍，升限和爬高能力与“鬼怪”不相上下。该机除了能挂2枚K-13空对空导弹（即仿照中国向其提供的美制“响尾蛇”）外，还能装配航炮，导弹发射不中后也能冲到近处用传统战法格斗。从1967年8月到年底，越南战斗机击落了13架美机，本身损失12架，其中米格-21击落12架美机而自己却只损失1架，F-4同米格-21的战损比竟为5：1，这让向全世界宣称“‘鬼怪’式是全球最优战斗机”的美军颜面扫地。

美军轰炸越南北方的同时，也不断派遣飞机侵犯中国边境领空进行军事挑衅，解放军空军实施了一系列“打擦边”作战。不过中方此时装备的主要是歼-5和歼-6飞机，在飞行速度、高度和武器装备方面均较F-4落后了一代，却也发现F-4有体大、身重（全重达25吨而高于中方战机4倍）、转弯半径大和水平机动性能差等弱点，因机上无枪炮又没有近距离作战能力。中国空军便以歼击机同高炮部队配合，采取了“低空、奇袭、近战”的战法，在边境布下了捕捉“鬼怪”的罗网。1967年4月24日，美军2架F-4在广西凭祥地区进入中国境内，马上有1架被高炮击落，另1架窜出高炮火力区，却又遭4架歼-5围攻而被击落。此次美机入侵我国领空深度20公里，时间只有4分钟，在作战时机极短的情况下遭全歼。同年8月21日，中国战机又将美国的2架A-6A“入侵者”攻击机一举击落。

中国空军在这一时期对美军的空战不多，按规定只限制在本国上空，但却积累了以劣势装备对抗优势装备之敌的经验。空战的实践证明，“尺有所短，寸有所长”，作战飞机往往都有其长处和短处，总体性能差些的战机如能抓住对手的短处，也有取胜的机会。

美空军虽重装航炮却进入导弹战时代

越南空军初战时虽战绩不错，但一线战斗机数量却长期不到100架，而美国每天起飞攻击越南的飞机都在1000架以上。越军只好以飞机和进口的少量苏制萨姆-2导弹保护少数重要目标，国内绝大部分区域由高炮防空，而且主要依靠中国援越部队。从1965年8月至1968年3月，中国共派出63个高炮团及部分独立高炮营、高射机枪连和勤务分队共15万人入越，参加了世界战争史上最为激烈的防空作战。中国高炮部队的自身统计数字是击落美机1707架，援越部队共牺牲1100人，负伤4200人。

1968年秋天至1972年5月，美国为同越南和谈停止轰炸北越，空中作战只限在南越战场支援地面部队。在停止空战的近四年间，美军总结教训，认为在空对空导弹尚不完全成熟时取消航炮是一个错误。美国重新在“鬼怪”等战斗机上安装高射速的机关炮，航

中国抗美援越高炮部队作战的照片。

空兵又进行近战格斗训练，同时开始设计第三代喷气式战斗机即后来的F-15和F-16战斗机，重点是突出多用途和格斗性能，不过分强调高航速而注重机动性。此外，美国对“响尾蛇”和“麻雀”型空对空导弹也进行了改进，提升了其远距离攻击的能力。

1972年春天，越南人民军利用美军地面部队已大部撤走的时机，出动主力在南越游击队的配合下再度大规模向南发起总攻。为实施报复，1972年5月至1973年1月，美军再度大规模轰炸北越，实施了代号为“后卫行动”的又一轮空中攻击，双方又进行了新的空战。

此时美军空战主力仍是F-4战斗机，越军主力是米格-21战斗机。“鬼怪”改进了战术，在远距离便寻机掌握有利发射角度，以空对空导弹攻击对手，如对手冲近也以航炮格斗。越方的战术是利用米格-21的灵活性尽力躲开空对空导弹，逼近对手发射空对空导弹或以航炮攻击。从美方统计看，美机在十几次空战中击落越机72架，自身被击落28架，

美国所绘的以“鬼怪”式战斗机击落米格-21战斗机的油画。

这说明空对空导弹的效能有所提升，重装航炮也发挥了作用，不过同对手近距离格斗时还受到一些损失。米格-21的作战性能已明显落后于“鬼怪”改进型，其发射的空对空导弹对美机也没有多少威胁，越南空军原来使用的近战法虽还有些效果却也不如从前。

1973年1月，《关于越南问题的巴黎协定》规定了越南停战，美军随后全部撤出。美军通过参加越战最后半年多的空战体验，对空对空导弹又恢复了信心。不过美军撤走后，南越政权日益衰弱，越南人民军加强了对南方的增援，于1975年春天又发起总攻解放了南方。美国耗费人力、物力巨大的越南战争，最终以自己被迫撤走和扶植的政权崩溃而结束。

美国后来总结越战失败的原因，其中重要一条就是过高估计了空中力量的作用，以为靠轰炸就能迫使北越因害怕损失而不敢南下。其实，对越南北方那种以茅草房为主的经济形态和靠外援武器作战的政权，空中打击的效果并不大，其遭受的损失还远比不上中国和苏联的援助多。到异国远征久战不决，反而激起美国的反战运动，意志被拖垮的只能是自己。

在越战期间，美国空军和海军航空兵战斗机出动120多万架次，陆军直升机的出动量更是这一数字的几倍，总投弹达570万吨，超过了第二次世界大战中各国空军投弹量的总和，创造了战史上的最高纪录。由于越南人民军空军规模小，空战次数不多，据美军统计，美军在空战中共击落越机146架和中国战机1架，自身损失数不到100架。越南宣布在空战中击落美机253架，自身损失223架。当时美国航空兵占有绝对优势，无论从哪一方宣布的战损数字看，美方都不光彩。

美军战后宣布越战的自身损失是军人死亡5.5万人，另有30万人负伤。越南公布的数字是南北两方军民死亡高达300万人，其中北越军人死亡约50万，另有100多万平民在空袭中被炸死。美军称其固定翼飞机坠落和被击毁2600架，其中约3/4损失在北越上空。由于空战和苏联“萨姆”导弹击落的美机很少，因此其损失绝大多数由高炮造成。中国援越部队统计的击落数尽管不一定完全准确（战时多方一同作战难免有重复统计），但击落1000多架美机还是合乎实际的，美军在北越被打掉的飞机的确大多是中国高炮部队的战绩。

在南越作战的美军和南越伪军的直升机，被击落击毁了2000多架，绝大多数是由南越人民游击武装的地面火力造成的。美国在越南的战略失败，在其国内被公认是“留下永久的痛”。不过美国军队经过这一教训，战术上也有了两项永久性的升华——作战飞机告别了航炮而进入导弹时代，陆军主要不靠地面运动而进入了直升机垂直机动时代。

空战画说

第 玖 章

现代高新技术使空战进入信息化时代

唯物主义的一个基本原理用于解释战争，那就是“战术是由技术决定的”。现代航空技术的发展，使人类发明了飞机并用它作战，机械化战争时代的空战形式主要是机上人员使用航空机枪或航炮相互射击。随着人类向信息化时代迈进，电子、信息技术的发展使空战方式逐步演化为以空对空导弹攻击为主，卫星、预警机和无人机也登场并掌控了空中交锋。如果说，越南战争期间还处在空战形态变化的过渡时期，那么，20世纪70年代以后的中东各次战争以及美军在20世纪80年代以后的对外作战，就已经迈入信息化时代的空战。

“大卫之星”称雄中东并尝试新型空战

第二次世界大战结束后，中东地区出现了以色列这样一个犹太移民国家，它的空军逐步成为世界上最精锐的空军之一，其所进行的空战也成为运用美国高新技术的试验场。

1947年11月，联合国同意散落在世界各地的犹太人迁回中东的巴勒斯坦地区重建2000年前就被古罗马灭亡的以色列国，这马上引发居住在当地千年以上的阿拉伯人的强烈反对。从1948年开始至1982年，以色列为争夺领土和压制巴勒斯坦人反抗，同周边的阿拉伯国家进行了五次中东战争。

第一次中东战争开始于1948年4月，以埃及为首的多个阿拉伯国家以4万多军队联合进攻刚成立的犹太移民国家。此时以色列只有70多万犹太居民，他们仓促组成3万多人的部队，主要靠少量步机枪等轻武器作战。幸亏犹太移民中有几万青壮年此前参加过苏联和英国的军队并同纳粹打过仗，有丰富的实战经验，其中也有少量飞行员。于是他们马上搜罗飞机，从捷克得到德国的著名战斗机梅塞施密特-109（Bf-109），从美国得到“二战”时有名的重型轰炸机B-17和P-51“野马”式，紧急组建了一支空中作战力量。

1948年6月3日，以色列飞行员驾驶着不久前他们的死敌——德国的Bf-109战斗机升高，迎击几架用美制运输机改制的埃及军用侦察机。埃及人根本没有想到这个新对手竟有战斗机，几分钟之内就被打掉了5架。以色列取得第一次中东战争中的首次空战胜利后，又使用战斗机和轰炸机不断打击全无空战经验的阿拉伯各国，取得了战场制空权，在1949年初终于达成对其有利的停战协议。

魏兹曼作为以色列第一任总统，也是以色列空军的奠基人之一。他特别强调“把最好的送给空军”，并亲自抓飞行训练。1956年10月，英国、法国为维护苏伊士运河控制权而向埃及开战，以色列马上参加，导致第二次中东战争爆发。此时以色列空军使用的还是P-51、B-17等“二战”中使用的螺旋桨飞机，却在空战中击落了15架埃及战机。不过以军装甲部队主要靠法国空军掩护，攻击占领了西奈半岛。

通过两场战争的实践，以色列人认为空军是最重要的，尤其在形势平坦、多是沙漠而无多少遮蔽物的中东地区更是如此。他们曾以动物界来比喻，认为鹰是攻击能力最强的，因为它居高临下，地面的所有动物都无法攻击它而只能被动地受其啄咬。

1956年以后，苏联开始向埃及、叙利亚等国提供武器，1962年以后还出售了米格-21这种新型战斗机作为后者的空军骨干装备。美国为拉拢阿拉伯国家，对以色列出售武器的种类开始还有一些限制，于是以色列空军主要采购法国的“幻影”式战斗机，自己后来还引进部件仿照组装成“幼狮”式。1967年6月5日，以色列突然袭击埃及、叙利亚和约旦，挑起第三次中东战争。以军飞机利用假日早晨埃及飞行员未在位的机会，以低空飞行避开雷达探测进入对方机场，一举炸毁了停在跑道上的大部分飞机，少数起飞的飞机也因不是以军对手而纷纷遭击落。在这场“六日战争”中，共有400余架埃及飞机被以军击毁在地面和空中，力量弱小的叙利亚、约旦空军更是力不能支。以色列战机掩护800多辆坦克大举突击，一举摧毁1000多辆埃及、叙利亚的苏制坦克。在此战中，以色列空军损失飞机仅39架，还多由地面火力造成。后来军事评论家总结双方空战，认为

1947年以色列建国后，就强调要建设空军。这是当时以色列的宣传画，所绘的还是螺旋桨飞机。

1948年以色列最早获得并用于空战的是S-199战斗机（前面涂“大卫之星”的那架），这种从捷克得到的战斗机其实是德国原来著名的Bf-109战斗机。

表现1967年中东战争时以色列空军以法国制的“幻影III”击落米格-21并使其飞行员弹射跳伞的画面，该型机也有了“米格杀手”之称。

交战飞机属于同一代，但阿拉伯国家飞行员的技艺却太差。

以军取得惊人战绩，以及苏联插手埃及和叙利亚，使美国愈发感到以色列的重要性，于是开始向它提供最先进的出口武器，并进行实战检验。1967年第三次中东战争结束不久，美国将当时最先进的F-4“鬼怪”式战斗机和改进后的“响尾蛇”和“麻雀”式空对空导弹以无偿援助的形式提供给以色列。此时，苏联也派出少量飞行员到埃及驾驶米格-21战斗机，在美国的鼓励下，以军居然敢在1970年7月30日同涂着埃及军徽的苏军飞机打了一次空战。

当天，2架以色列“幻影”式战斗机飞到苏伊士运河方向，似乎想侦察埃及炮兵阵地，有8架“鬼怪”式飞机在高空云层中隐蔽准备支援，以军还对埃及雷达进行了干扰。此时由苏联飞行员驾驶的12架米格-21出动，一举消灭了2架以军飞机，结果云层中的8架以军“鬼怪”突然冲出，双方战斗机马上展开了一场激烈的空战。

此次空战只有1分钟，苏军飞行员仍以传统方法靠目视找准目标再以航炮开火或发射空对空导弹，以军的“鬼怪”却在机首安装了火控雷达，以雷达波搜索目标引导发射导弹。在短暂的交锋中，4架米格-21被当场击落，1架负伤后在机场降落时坠毁，其余7架逃走。事后以色列人骄傲地总结说：“苏联教官并不比他们的阿拉伯学员高明。”

此次空战的结果，让苏联领导人和军方都大吃一惊，他们震惊地发现自己的战斗机和空对空导弹都已落后于美国，于是此后就避免直接同美军或以军进行空战。美国军方通过此战，改变了此前越南空战时对导弹作用的怀疑态度，认定空对空导弹还是空战中最有力的武器。

贝卡谷地之战从根本上改变空战形态

1973年10月，埃及和叙利亚联合突袭以色列，展开了第四次中东战争。阿拉伯国家的空军害怕再同以色列空军交锋，引进了苏联的萨姆-6地对空导弹，其为当时扬名世界的“对空杀手”。当以色列空军冲到战场上空攻击地面部队时，连遭这种导弹攻击而被击落，一度不敢靠近“萨姆”导弹阵地附近上空。不过，在空战中阿拉伯国家的飞机还不是以色列战机的对手，一共被击落了442架。此次战争中，以色列飞机损失达115架，其中包括35架“鬼怪”，多数是萨姆-6导弹的战绩。不过以色列军队最后还是占据了战场优势，迫使对手在不利的形势下停火，其空军掩护坦克的深远突破起到了关键作用。

1982年6月6日，以色列军队以进攻黎巴嫩开始了第五次中东战争，这时它同埃及已经讲和，空中打击的目标只有叙利亚。美国将刚服役的F-15这种当时最先进的第三代喷气式战斗机对外首先供给以色列，还提供了先进的预警机。叙利亚空军装备的还是米格-21和米格-23这类第二代喷气式战斗机，也没有预警机，仍靠萨姆-6地对空导弹作为对空作战的支柱。

阿拉伯军队以苏制“萨姆”地对空导弹对付以色列战机的画面。

以色列空军为对付最顾忌的萨姆-6地对空导弹，在6月9日精心组织了一场电子战。它先以自行研制的“侦察兵”和“猛犬”无人机飞临叙军导弹阵地上空，诱使制导雷达开机，并即刻把截获的无线电信号传给早已等候在空中的E-2C“鹰眼”预警机。在预警机的指导下，F-4“鬼怪”立即发射“百舌鸟”反辐射导弹（这种导弹可寻着雷达波直捣雷达站），准确无误地摧毁萨姆-6的制导雷达，叙军防空导弹部队顿时变成“瞎子”而无法发射。以色列各种战斗机、攻击机以及“狼”式地对地导弹立即配合行动，向贝卡谷地的叙利亚防空阵地实施猛烈攻击，使叙军苦心经营10年、耗资20亿美元才建立起来的19个萨姆-6导弹连（装配228枚导弹），在6分钟之内就全被摧毁而不复存在。

得知贝卡谷地的导弹阵地遭到攻击，叙利亚以老本相拼，起飞62架米格-23和米格-21战斗机，扑向贝卡谷地上空的以军飞机编队。此时以色列空军已由新式的F-15战斗机、F-16战斗机和E-2C预警机、波音-707改装的电子战飞机组成混合机群，已形成严密的空中罗网。

以色列的 F-15战斗机在贝卡谷地之战中击落米格-21战斗机的画面，这是美国当时最先进的战斗机第一次参加实战。

1982年以军“鬼怪”式战斗机在贝卡谷地上空击落叙军的米格-21的画面，该型机此时还占以军战斗机的半数。

预警机在空战中不仅能作为远程搞清敌情的“千里眼”，而且是一个电子指挥中心。叙军的每一架飞机刚刚起飞，就会被“鹰眼”牢牢盯住，几秒钟内电子计算机就能将飞机的航迹诸元计算出来，并迅速通知给电子干扰机和战斗机。叙机临近贝卡谷地上空时，首先遭到以军电子战飞机的强电磁干扰，其机载雷达荧光屏上看不见敌机，耳机里听不清地面指挥口令，几乎是“如聋似瞎”，只好靠自己的眼睛寻找敌机。以色列飞机却靠预警机和机身上的雷达双重引导，能“超视距”抓住目标，在肉眼看到的距离之外以红外线寻找目标进行导弹攻击。

叙军此次空战损失惨重，次日即6月10日又以52架战斗机再次出击。据说，这一天竟没有1架战斗机能够突破以色列的空中电子屏障，全部被击落，而以色列空军没损失1架飞机。实战证明，苏制二代米格飞机在美制F-15战斗机、F-16战斗机这种三代机面前只能甘拜下风，尤其是美国声称的“最优制空战机”F-15，首次登场就显示出威力。以军的预警机、无人机和电子干扰机又造成战场信息单向透明，叙军飞机看不见对手，只有以方飞机能准确攻击。

以色列在贝卡谷一战后宣布，除摧毁“萨姆”导弹阵地外，空战结果为82：0，这在全世界引起极大震动。贝卡谷地空战因此成为空战史乃至世界军事史上的经典战役之一。

俄罗斯后来解密的苏联档案以及国际上一些观察者的证言，说明当时叙利亚军队也击落了一些以色列飞机。在叙的苏联顾问报告为14架，不过这其中包括一些小型无人机

（这可以不列入统计）。英国BBC记者的现场查证是4架以军战机被击落，其中包括2架A-4、1架F-4、1架F-16。后来以色列人还承认在6月9日被米格-21比斯击落1架“幼狮”。至于叙利亚飞机的损失，俄方档案的数字是总共72架，其中有12架是被以色列的防空武器击落的，空战中被击落的是60架。

尽管以色列对战果的报告有些夸大，不过其空军在贝卡谷地的战绩还是辉煌的。此战证明空对空导弹已经可以取代航炮的作用，超视距作战取代了目视瞄准，电子、信息战的能力又起决定作用，想有效组织空中交锋就必须发展预警机，空战已经开始迈入信息化时代。

美军控制天空主宰了海湾战争

进入20世纪70年代以后，美国抓住了“第三次浪潮”即电子信息技术主导的新技术革命，苏联在这一新领域反应相对迟钝，不仅影响了民用工业发展也导致航空业同美国的差距拉大。根据苏方的出口原则，卖给叙利亚、伊拉克等国的作战飞机的性能又逊于苏军自用型（即一种武器有“虎版”“猴版”两种配置），因此这些中东国家的空军同美军更难以较量，1991年的海湾战争充分说明了这一点。

1990年8月，想称霸中东的萨达姆指挥伊拉克军队入侵并占领了石油富国科威特。美国得到联合国的授权后，

1991年1月，美国空军首次击落伊拉克的米格-29战斗机的画面。随后伊军飞机再不敢起飞迎战。

组织多国部队，于1991年1月17日起向伊拉克展开军事行动，史称“海湾战争”。

开战时，多国部队集中了1740架作战飞机，其中80%以上是美国飞机，除轰炸机、攻击机外，主力是F-15和F-16这类第三代战斗机。伊拉克虽然有400多架作战飞机，但除极少数苏联的三代机米格-29外，其余主要是外购的苏制米格-21和中国制的歼-7这种二代机，而且没有预警机和电子干扰机。据美军的资料，在1991年1月17日开战后的两天内，伊拉克还起飞了几个小编队的米格-25和米格-29迎击美机，往往在发现美机前就被锁定而遭攻击。美军以F-15战斗机专门负责猎杀对方飞机，往往一发现就能击落。至于美军的损失，有一架F/A-18在出击伊腹地时坠落，美方怀疑“很可能是被米格-25击落”，不过没有准确认定。

美军开战时，首先动用卫星、预警机、无人机构成严密的“天网”，对战场地面实施了全程严密监视，并以电子干扰机瘫痪了伊军雷达，使其几乎无法发射对空导弹。此时美机都装配了微光、夜成像等夜视器材，在晚间的黑暗中也有良好的观察能力。伊军只有少量落后的红外线夜视器材，一开机就会被美军发现信号而成为被攻击的对象，因此大多不敢使用，在黑夜中只能靠肉眼侦察。

电子、信息技术的巨大差距，导致海湾战争的交战双方一方是“明眼人”，一方是“瞎子”。美军第一次空袭巴格达时选择在夜间，飞机临近时看到城内仍是灯火辉煌，并未实行战时的灯光管制，原因就是伊拉克雷达已受干扰而探测不到对方飞机。听到头顶有飞机轰鸣接着又传来炸弹爆炸声后，伊拉克高射炮兵看不见目标，只能盲目对空射击。

面对美、英、法等国飞机如入无人之境般在天空实施攻击，地面躲藏的伊军地面部队包括4000辆坦克只能任其宰割。多国部队在发起地面进攻前实施了38天空中轰炸，摧毁了大量伊拉克的地面装备。在沙漠地区的伊军地面部队运输线被空中打击切断，躲在沙窝中连水都供应不上，士兵大都嘴唇干裂，实在难以坚守阵地。

伊拉克面对美军空中打击，将飞机大都埋藏在沙漠中，这是战后被挖出的歼-7战斗机的照片。

2月24日，伊拉克军队从科威特和本国南部边境的掩体中钻出，向本国后方溃逃。多国部队从当天起展开100个小时的地面进攻，一面以坦克追杀，一面实施空中拦截。美军的A-10攻击机成了最大的杀手，仅这种飞机在空中就击毁了约1000辆坦克和其他大量车辆。2月28日，美国因想留下伊拉克部分力量以牵制伊朗，宣布停火。

这次以美国为主体的多国部队进行的海湾战争，双方的损失对比令人瞠目结舌，简直同过去的非洲土著与近代欧洲军队交锋差不多。美军只阵亡148人，击毙击伤伊拉克军队10余万人，并俘虏了8.6万人，击毁坦克4000余辆。多国部队只损失了68架飞机，其中美军损失56架，坠落又都是由地面火力和事故造成的。

多国部队“一边倒”的胜利，首先是靠绝对的信息优势。电子战的“软杀伤”和火力的“硬摧毁”相结合，加上在卫星、预警机指挥下的战机不分昼夜地控制着战场，使伊军地面目标出动即暴露，美军随之可实行“发现即摧毁”的打击。空中优势和掌握信息权，是美军取胜的主要因素，制空权与信息化相结合显示出比过去的战争更为重要的作用。

海湾战争中的美军以绝对的制空权实行空地一体作战的画面。

美国空军博物馆藏画《A-10攻击》，表现了这种对地攻击机在海湾战争中显示出威力。

表现在科索沃战争中南联盟以防空导弹攻击美军F-16s战机的油画。

海湾战争被国际上认为是首次信息化战争的典型，还停留在机械化战争时代的伊拉克军队同美军相比，在武器装备和战争手段上已经出现了“代差”，即落后了整整一个时代。当然，伊拉克失败的最重要原因，还是萨达姆政权穷兵黩武不得人心，其军队也缺乏斗志。

美军的“空中霸权”靠信息化保障

海湾战争中苏制装备的不堪一击（其实主要是操纵者素质差），及苏联面对美国的行动几乎无所作为，表现出这个昔日的“超级大国”已是虚弱的空架子。加上政治因素，1991年末苏联瓦解，第二次世界大战后美苏“两极”对立的格局彻底结束，美国形成“一超独霸”的局面，其远优于他国的空中力量又成了其推行霸权政策的工具。

冷战结束后，美国的军费开支一时占了全球的40%以上，超过名列其后的十几个国家的总和，能够再研制新一代作战飞机和开发信息化时代的新装备。继承了苏联大多数军事遗产的俄罗斯陷入长期经济危机，军费开支一度降到只相当于美国的1/20，连维持原有装备的钱都不够，除大幅削弱武器外，只有靠出售苏联的“老本”来获取维持费。英国、法国失去冷战时的主要对手苏联，也压缩原有军队规模和军事科研项目，军事行动主要唯美国马首是瞻。

1999年春天，美国为了确立欧洲的霸权地位，打击维护国家统一的南斯拉夫联盟，以“保护人权”之名发动了代号为“盟军”的空袭行动。尽管联合国中的常任理事国中国和俄罗斯反对，美国主导的北大西洋公约组织仍纠集19国参加行动，其中13个国家的空军参战。北约参战飞机中有美机730架、其他国家飞机325架，进行了为时78天的空中打击。

这次科索沃战争是人类历史上一场独特的战争，北约没有出动地面部队，完全由航空兵作战。其战机出动3.2万架次，投弹1.3万吨，

1999年被南联盟“萨姆”地对空防空导弹击落的美国F-117轰炸机的残骸照片。

这是美军最昂贵的B-2隐形轰炸机，共生产了21架，平均单价达20亿美元。它是袭击中国驻南斯拉夫大使馆的杀手。

使用了精确制导武器。南联盟军队利用山多洞多、地形复杂的条件，将部队隐蔽在过去修建的洞库和地下设施内，躲过了空中打击。不过，因北约重点打击维持民生的目标，造成1800多名平民丧生、6000多人受伤，有50多座桥梁、12条铁路、5条公路干线、5个民用机场被炸毁，大批工厂、商店、发电厂停工。南联盟因经济生活无法维持，最后只得同意北约的蛮横要求，将军队撤出科索沃。

此次空中行动中，美国发展了海湾战争中的信息化优势，将卫星侦察、预警机引导和战机分区巡逻控制相结合，实现了信息与火力一体化，基本做到了“发现即摧毁”。同北约强大的空中力量相比，南联盟空军战时只拥有40架可用的战斗机，其中30架是陈旧的米格-21战斗机，10架是米格-29战斗机。前者过于陈旧没有起飞，后者属于第三代战机，与北约战机还处于同一档次，可惜因信息领域的巨大差距也未发挥出作用。

南斯拉夫空军在1987年向苏联购买了14架米格-29B单座战斗机，到1999年还有10架可用。北约发起空袭时，南联盟的飞行员不乏勇气，明

在2001年开始的阿富汗战争和两年后对伊拉克的作战中，美军都强调空天地一体作战，这是表现其信息化战场的画面。

知数量和电子探测能力不行也要进行“无望的战斗”。在3月24日北约空袭当天晚间，南军2架米格-29便起飞想拦截对方机群，马上被美军E-3“望楼”预警机发现，通知与之最近处正在游弋的北约战斗机向其发射空对空导弹，结果2架都被击中。第3架起飞的米格-29战斗机锁定1架北约飞机正想攻击，其雷达却遭干扰导致导弹发射落空，而北约预警机却已盯住它并向当地巡逻的荷兰F-16战斗机指示目标，由荷兰F-16战斗机发射空对空导弹将其击落。

南联盟只好让飞机入洞库隐蔽，靠地面火炮和对空导弹抗敌。不过在4月上旬和5月4日，南空军仍起飞过4架米格-29战斗机想袭击北约实施轰炸的战机，结果都是刚一起飞就被预警机发现，遭美军F-15追击。其中3架紧急返回洞内隐蔽，而5月4日起飞的那1架则被击落。战时南军的10架米格-29战斗机有5架被北约击落，有1架被己方对空导弹误击坠落，还有1架在地面被击毁，1架因事故坠毁。南空军飞行员的技术水平虽然据称不错，却没有任何空战的战果。据南联盟在战时宣布，共击落61架北约飞机，这是想鼓

美军依靠空中绝对优势控制伊拉克，不过却无法压制住民间反美武装的袭击。

1999年5月8日，遭美国B-2轰炸机以5枚精确制导炸弹轰炸的中国驻南斯拉夫大使馆的大楼，这是中国人民心中长久的痛。

F-117A“夜鹰”隐形轰炸机被称为美国的“夜间杀手”。在1999年空袭南联盟时，它第一次被雷达探测发现遭击落，说明“隐形”并非全能。

舞人心的夸大。北约的统计数字是，只有1架美国F-117A“夜鹰”隐形轰炸机和1架战斗机被地面导弹击落，2架飞机的飞行员又都被直升机救回，不过据事后披露的消息，北约在战时有2名飞行员和1名士兵因为事故这种非战争原因死亡。

1999年5月8日，美国的B-2隐形轰炸机以5枚精确制导炸弹轰炸了中国驻南斯拉夫大使馆，造成3位中国驻外人员牺牲。事后美国辩解是“误炸”却又拒不说明详情，这种霸权主义行径激起中国人民的极大愤怒。美国依仗世界超强的空中优势在南联盟肆意妄为的行为，也从反面向人们说明，只有强国强军特别是增强空天力量，才能对抗这种霸权主义。

世界上的事物往往是物极必反，美国恃强凌弱到处插手最终使自己陷入困局。2001年9月，美国以遭受恐怖袭击为由，对阿富汗展开“反恐战争”，对根本没有空中力量的塔利班组织展开了轰炸并掩护地面部队进攻。2003年，美国又编造了萨达姆有“大规模杀伤性武器”的消息，对伊拉克展开大规模空袭和地面进攻。此次伊军完全没有对空抵抗的能力，美军在3个星期内就控制了包括首都巴格达在内的全国要点，埋在沙堆中的伊拉克战斗机也被挖掘出来成了缴获品。

虽然美军轻易控制了阿富汗和伊拉克的各重镇，但当地反美武装却展开游击战，美军的绝对空中优势对其是“高射炮打蚊子”的感觉，美军施展不出威力，其国内哀叹“陷入又一场越南战争”。最后奥巴马总统只好宣布撤军，留下难以收拾的烂摊子。阿富汗情况也与之相差不大，这说明空中力量也并非是万能的。

自20世纪90年代初冷战结束后，世界范围内“和平与发展”是主流，国际范围内没有发生大规模的战争，空战也几乎没有出现。不过，世界各军事强国都加大了航空力量建设的投入，空中较量在未来军事较量的舞台上会发挥更为重要的作用。

结尾

仰望天空

人类自1903年发明了飞机，1914年以后开始了空中交战，这一百多年的时间可谓是沧海桑田，世间巨变。空战改变了人类战争的形态，体现为军事斗争由地面、水面上升到空中，战争由平面变成立体。

古代人在神话中构想的“天兵天将”虽然能飞上天，却还是拿着刀矛剑戟打仗，那是因为农业社会上的人想不出火器时代的作战会是什么样子。进入工业时代后，战争由冷兵器时代的体力交锋变成化学能（炸药）和机械能（战车和飞机）的拼搏，于是有了飞机并在飞机上装了机枪、航空炮相互射击。自20世纪末人类进入信息化时代后，电子信息技术又主导了交战，例如，导弹能在肉眼看不到的数十公里、数百公里外发射，靠电子波引导飞向目标并将它摧毁。虽然现代的空战仍然要靠机械能（如飞机发动机），但是信息化水平所起到的作用更大。

有人说，今后的战争在很大程度上是“屏幕作战”“按钮交锋”，卫星监控、预警机指挥引导和无人机保障，同新型战斗机、攻击机和轰炸机构成一个综合的作战体系。在第一次世界大战、第二次世界大战乃至朝鲜战争中，涌现出不少击落众多飞机的王牌飞行员，他们主要是靠自己在空中发现敌机，自己驾机咬住敌机并由自己开火将其击落。进入信息化时代之后，飞行“王牌”会消失，因为空战主要是靠“体系较量”而不是靠某个飞行员的能力。

试想，在前些年的科索沃战争等局部冲突中，也有个别击落飞机的例子，却基本没有人认为是哪个飞行员的功劳。因为攻击目标是靠卫星和预警机发现，是电子指挥中心向距目标最近的飞机显示攻击对象，甚至标定好导弹发射的各项指标，那个飞行员只不过是根据这些指令按一下发射钮而已，能说这个人有“王牌”的战绩吗？

现代空战越来越体现军队的科技水平，也体现为国家经

军旅画家孙浩的这幅油画，表现出中国空军驾驶第三代机飞上了蓝天。

美国“二战”时的宣传画——《请买战争公债》，显示出当时靠世界最强经济工业能力和财力才支撑起强大的空中和地面军事力量。

美国作战飞机生产线的照片，这是国家高科技水平的结晶。

济实力的较量，“打仗就是打钱”。穷国建不起像样的海军，也建不起强有力的空军。越先进的飞机就越费钱，同时保障费用也越高。如果说飞行员的培训是靠金钱堆砌的，那么，航空所需要的燃油和机械也是“烧钱”的竞赛。美国从第二次世界大战起就建立起世界上规模最大、技术最先进的航空兵，靠的就是自己有全球最富的财力和雄厚的工业科技实力。

第二次世界大战时日本有名的“零”式战斗机的造价是10万日元，当时折合3万美元，美国最好的P-51“野马”式战斗机是5万多美元。到了朝鲜战争中，美军的主力战斗机、第一代喷气式飞机F-86的单价已是30万美元。越南战争中美军低档配置的第二代喷气式战斗机F-4“鬼怪”的单价达到200多万美元，而海湾战争时美制F-16这种第三代喷气式战斗机的单价超过4000万美元，随后国际市场上的俄罗斯制的三代机苏-27的单价也在3000万美元以上。2005年美军最早服役的第四代战斗机单价达1.2亿美元，

2016年美国开始对盟国出售第四代F-35战斗机的单价居然达1.3亿美元！

如此天价的飞机，让西欧的许多富国也为之咋舌，穷国更不敢问津。如今一些亚非国家，对中国同巴基斯坦联合研制的适合发展中国家需要的“低价高性能”的“枭龙”战斗机有兴趣，这也是国际军贸市场上战机价格日益攀升，一些亚非国家寻求性价比更高的战机的结果。

百年来飞机的造价不断攀升，除利润和劳动力价格提升外，还在于科技含量不断加大而导致技术复杂，其费用自然日益高昂。航空业的产品一向被称为“工业之花”，越先进的作战飞机其技术设备就越多。例如，1903年莱特兄弟发明的飞机只是一个金属框架上搭上木头机翼，有一个使用汽油的发动机，至多不过几十个零件，比现在的摩托车都简单得多。到了第二次世界大战时，一架螺旋桨战斗机就要有几千个零部件，需要在工程师的指导下由上百个机械工用特定的设备花费几十天才能装配成。20世纪末的第三代喷气式战斗机如美国的F-16和俄罗斯的苏-27等，都由10万个以上的零件构成，用现代新设备也至少需要几个月的装配时间。这些飞机有如此多的零件，还都要保证质量不出毛病。

如此高技术的产品，没有全面配套的高科技的国家造得出来吗？看一下20世纪40年代，世界上还有20个左右的国家能够生产战斗机，如今只剩下不到10个，而且如瑞典生产的“鹰狮”，日本生产的F-2，都是靠进口发动机和某些航电设备。真正能够自主制造航空发动机和作战飞机全套设备的，只有美、俄、中、英、法这5国，这些国家正好是联合国的5个常任理事国，这就是国家的硬实力！

“科技兴国，科技强军”，这才是现代国家发展的正确道路，在空军方面体现得特别明显。现代高科技的发展，还使军事较量发展到太空，

描绘美军F-22隐形战斗机的油画，这种最先服役的第五代战斗机曾是世界上最贵的战斗机。

美国的这幅画表现新时期空战将围绕着空战网络中心进行。

如卫星已成为各强国空中较量不可缺的观察基地，空天结合也是未来航空力量建设的趋势。

如今的世界虽然进入了以“和平与发展”为主旋律的时代，但由于国际上霸权主义和强权政治的因素，加上众多地区性矛盾存在，虽然还难以爆发世界性大战，但局部战争和地区冲突还难免会出现。在现代局部战争中，强者往往以空中打击作为主要手段，如海湾战争、科索沃战争都是如此，弱者最受困扰的就是防空问题。美国的对外干涉，主要是使用空军和海军航空兵（特别是航空母舰），它的陆军主要起“打扫战场”的作用，甚至最后连战场也不用打扫。

中国在改革开放后面临着军事变革的大潮，决定了也要改变传统的“陆军老大”思维。早在1979年1月18日，邓小平就针对军队的发展提出：“不管如何，今后作战，空军第一。陆军、海军、空军，首先要有强大的空军，要取得制空权。否则，什么仗都打不下来。”①由于空军是一个高科技的军种，而改革开放初期中国的科技和国家整体经济水平仍然比较落后，因此建设强大的空军走了一段很长的路程，航空兵的增强是与国家的腾飞同步的。至2010年，中国的GDP总量已仅次于美国居世界第二；2009年以后中国军费额也已仅次于美国而成为世界第二。如今，中国空军不仅在“量”而且在“质”的方面都已进入了世界强手之林。中华的航天事业也是成就辉煌，“神舟”飞船进入太空宣告了中

① 中共中央文献研究室：《邓小平年谱》，中央文献出版社，2004年版，第472页。

国是继美、俄之后第三个能实现载人航天的国家。

近些年，中国空军不仅推出了一系列新型作战飞机，而且国内民用飞机制造水平也同步得到大提升，国产大型客机和运输机也相继推出。在2016年11月的珠海航展上，国产的第四代歼击机歼-20正式亮相，表明中国已是继美国之后在世界上第二个能制造出第四代战斗机的国家。我国在航空事业上能有这样的地位，是几十年前的中国人难以想象的，神州的崛起也表现为航空事业的腾飞。

回顾历史，再看看现实，经济和科技实力强则国家富强，国家富强才能使军力强大，包括建设起一支强大的空军。如今我们为国家的富强而努力奋斗，如此才能给空军的进一步发展奠定一个坚实的基础。通过回顾世界空战史，今天的国人就应该得出这样的结论。

中国国防大学二级教授、专业技术少将　徐焰

2017年2月

作者站在几十年来我国空军装备各型作战飞机的阵列面前，看到中国空军的进步感到万分欣喜。

图书在版编目（CIP）数据

画说空战/徐焰著．—广州：广东经济出版社，2018.5（2022.4重印）

ISBN 978-7-5454-6109-1

Ⅰ.①画… Ⅱ.①徐… Ⅲ.①军用飞机—青少年读物 Ⅳ.①E926.3-49

中国版本图书馆CIP数据核字（2018）第031752号

责任编辑：毛一飞
责任技编：陆俊帆

画说空战
Huashuo Kongzhan

出版人	李　鹏
出　版 发　行	广东经济出版社（广州市环市东路水荫路11号11～12楼）
经　销	全国新华书店
印　刷	广东鹏腾宇文化创新有限公司（珠海市高新区科技九路88号七号厂房）
开　本	787mm×1092mm　1/16
印　张	10
字　数	202千字
版　次	2018年5月第1版
印　次	2022年4月第2次
书　号	ISBN 978-7-5454-6109-1
定　价	48.00元

图书营销中心地址：广州市环市东路水荫路11号11楼
电话：（020）87393830　邮政编码：510075
如发现印装质量问题，影响阅读，请与本社联系
广东经济出版社常年法律顾问：胡志海律师